《中小学气象知识》丛书

王奉安 ◎ 主编

Dadi de Mimi
大气的秘密

王奉安 ◎ 著

气象出版社
China Meteorological Press

图书在版编目（CIP）数据

大气的秘密 / 王奉安著. -- 北京：气象出版社，2019.1
（中小学气象知识 / 王奉安 主编）
ISBN 978-7-5029-6905-9

Ⅰ.①大… Ⅱ.①王… Ⅲ.①大气—青少年读物
Ⅳ.①P42-49

中国版本图书馆CIP数据核字(2018)第298566号

大气的秘密
Daqi de Mimi

王奉安　著

出版发行：气象出版社
地　　址：北京市海淀区中关村南大街46号　邮政编码：100081
电　　话：010-68407112（总编室）　010-68408042（发行部）
网　　址：http://www.qxcbs.com　　E-mail：qxcbs@cma.gov.cn
责任编辑：侯娅南　邵　华　　　　　终　审：张　斌
责任校对：王丽梅　　　　　　　　　责任技编：赵相宁
设　　计：符　赋
印　　刷：北京地大彩印有限公司
开　　本：787mm×1092mm 1/16　　　印　张：7.25
字　　数：98千字
版　　次：2019年1月第1版　　　　　印　次：2019年1月第1次印刷
定　　价：35.00元

本书如存在文字不清、漏印以及缺页、倒页、脱页等，请与本社发行部联系调换

《中小学气象知识》丛书编委会

顾　问：李泽椿
主　编：王奉安
副主编：汪勤模
编　委（按姓氏笔画排序）：
　　　王　力　王奉安　石　英　汪勤模　宋中玲
　　　张海峰　金传达　施丽娟　姜永育　高　歌
　　　董永春　曾居仁

本丛书编辑组

胡育峰　邵　华　侯娅南　颜娇珑　殷　淼　黄菱芳　王鸿雁

序 言

2016年5月30日，中共中央总书记、国家主席、中央军委主席习近平在全国科技创新大会、中国科学院第十八次院士大会和中国工程院第十三次院士大会、中国科学技术协会第九次全国代表大会上的讲话中提出："科技创新、科学普及是实现创新发展的两翼，要把科学普及放在与科技创新同等重要的位置。没有全民科学素质普遍提高，就难以建立起宏大的高素质创新大军，难以实现科技成果快速转化。希望广大科技工作者以提高全民科学素质为己任，把普及科学知识、弘扬科学精神、传播科学思想、倡导科学方法作为义不容辞的责任，在全社会推动形成讲科学、爱科学、学科学、用科学的良好氛围，使蕴藏在亿万人民中间的创新智慧充分释放、创新力量充分涌流。"

科学普及工作已经上升到了一个与国家核心战略并驾齐驱的层面。科技工作者是科技创新的源动力，只有科技工作者像对待科技创新一样重视科学普及工作，才可能使科技创新和科学普及成为创新发展的两翼。

作为科普工作的一个重要方面，科学教育工作已经引起社会方方面面的重视。气象作为一门多学科融合的科学，对培养青少年的逻辑思维能力、动手能力等都具有重要的作用。另外，相对于成年人，中小学生在自然灾害（气象灾害造成的损失占自然灾害损失的7成以上）面前显得更加脆弱，因此，做好有针对性的气象防灾减灾科普教育具有重要的现实意义。在全国范围内落实气象防灾减灾科普进校园工作，从中小学阶段就开始让每一个学生学习气象科普知识，有助于帮助中小学生理解气象防灾减灾的各项措施，学会面对气象灾害时如何自救互救。

气象科学知识普及率的调查结果表明，灾害预警普及率、气候变化相关知识等基础性的气象知识普及率虽然存在区域性差异，但总体上科普的效果并不理想。究其原因，可能是现有气象科普产品的创作水平不高，内容同质化、单一化，未能满足公众快速增长的多元化、差异化需求。

气象科普工作任重而道远。

提高气象科普作品的原创能力，尤其是针对不同用户和需求的精准气象科普产品的研发，让气象科学知识普及更有效率、更有针对性，是我们努力的方向。

经过多方共同努力，针对中小学生策划的这套气象科普丛书《中小学气象知识》即将付梓，本套书共包括12个分册，由浅入深地介绍了大气的成分、云的识别、风雨雷电等天气现象的形成、气候变化和灾害防御等气象知识。为了更好地介绍气象基础知识，为大众揭开气象的神秘面纱，本丛书由工作在一线的气象科技工作者和科普作家撰稿，努力使这套书既系统权威又趣味通俗；同时，也根据内容绘制了大量的图片，努力使这套书图文并茂、生动活泼，能够让中小学生轻松阅读，有效掌握气象相关知识。

这套气象科普丛书的出版，将填补国内针对中小学生的高质量气象科普图书的空白。希望这套丛书能够丰富中小学生的气象科普知识，提升他们在未来应对气象灾害的自救、他救能力，在面对气象灾害时他们能从容冷静展开行动。

中国工程院院士 李泽椿

前 言

早在1978年，气象出版社就出版了一套18册的《气象知识》丛书。1998年和2002年又先后出版了8册的《新编气象知识》丛书和18册的《气象万千》丛书。当时在社会上引起了较大反响，成为广大读者了解气象科技、增长气象知识的良师益友。但是，最新的一套丛书距今已有15年了。这15年来，气象科技在传统的研究领域有了长足的发展，雾、霾等频发的气象灾害，更为有效的防灾减灾手段等已经成为新的社会关注点，读者的阅读需求亦发生了较大变化。此外，气象科普信息化又赋予我们新的任务，向我们提出了新的挑战。因此，出版《中小学气象知识》丛书，借以图文并茂、趣味通俗、系统权威地介绍气象基础知识，帮助大众了解气象、提高防灾减灾意识，显得尤为重要。这也正是贯彻党的十八大提出的"加强防灾减灾体系建设，提高气象、地质、地震灾害防御能力""积极应对全球气候变化"等要求的具体体现。

创作一部优秀的科普作品是一件很不容易的事，尤其是面向青少年读者群的科普作品更需要在语言文字上下大功夫。丛书的作者，既有知名的老科普作家，也有年轻的科普创客，他们为写好自己承担的分册均付出了很大的努力。

丛书包括12个分册：《大气的秘密》《天上的云》《地球上的风》《台风的脾气》《雨雪雹的踪迹》《霜松露的身影》《雾和霾那些事》《雷电的表情》《高温与寒潮》《洪涝与干旱》《极端天气》《变化的气候》，各分册中均将出现但未进行解释的专业名词加粗处理，并在附录中进行解释说明。该套丛书科技含量高，语言生动活泼、通俗易懂、可读性强。每本书都配有大量的图片。这12本书将陆续与读者见面。

2017年1月

目 录

序言

前言

大气由来三部曲 —————— 001
    原始大气的面孔   002
    给"次生大气"画像   005
    今天大气什么样   005

大气的家庭成员 —————— 007
    干洁大气的成员   008
    大气中的水汽   011
    大气中的杂质和微粒   012
    大气中新的污染物   012
    大气与万物相关   014

大气结构"五层楼" —————— 015
    一楼：离地球最近的对流层   017
    二楼：水平运动为主的平流层   018
    三楼：承上启下的中间层   018
    四楼：密度很小的热层   018
    五楼：与真空比邻的散逸层   018
    近代对大气的探测   019
    大气各层对人类活动的影响   020

大气压力趣谈 —————— 023
    从一首谜语诗说起   024
    空气也能买卖   026
    分而治之"称"空气   028
    市长的马德堡半球实验   032
    小哥俩拉半球   035
    生活中的小实验   037
    花园中的难题   044

大气的温度与湿度 —————— 049
    大气的温度   050
    大气的湿度   052

地球上的风 —————— 055
    全球大气环流形成的风   056
    局部环流形成的风   059
    属于气象灾害的风   064

大气运动与天气气候 —————— 071
    影响大气环流的因素   072
    大气环流面面观   075
    大气环流形成了气压带和风带   076
    大气环流对气候的影响   078

大气与地球生命 —— 081
- 生命的出现离不开大气　082
- 大气质量与人的生存　083
- 假如地球没有大气　084

人类活动对大气的影响 —— 087
- 工业革命的后患　088
- 国外5起严重的大气污染事件　091
- 汽车尾气带来的灾难　096
- 乱砍滥伐的恶果　097
- 可怕的南极"天漏"　098
- 保护我们的大气　101

参考文献 —— 103

附录　名词解释 —— 104

大气由来三部曲

大气的秘密

齐象和齐候小哥俩是双胞胎,读初中二年级。小哥俩酷爱气象科普,这可能是从小就受爸爸妈妈熏陶的结果。爸爸妈妈都是气象科技人员,爸爸是省气象科学研究所所长、科普作家,妈妈是市气象台首席天气预报员。爸妈都希望小哥俩长大后也从事气象工作,所以,连给孩子起的名字都是"气象""气候"的谐音。这个暑假,爸爸妈妈决定轮流休年假,为小哥俩举办"大气的秘密专题气象科普夏令营"。这个名字有点长,我们就简称"气象科普夏令营"吧。你看,他们的"气象科普夏令营"这就拉开了帷幕。

在"开营典礼"上,爸爸代表"全体"家长致辞,他习惯地扶了扶眼镜说:"同学们,包围地球的空气称为大气。像鱼类生活在水中一样,我们人类生活在地球大气的底部,并且一刻也离不开大气。大气为地球生命的繁衍和人类的发展提供了理想的环境。大气的状态和变化,时时处处影响到人类的生存和活动。那么,大气是怎样形成的?大气结构什么样?大气的成分有哪些?大气为什么有压力?大气运动与天气气候和地球生命有什么关系?人类活动对大气有哪些影响?我们应该如何保护大气?……让我们通过这次暑期'气象科普夏令营'来探究大气的秘密。"

原始大气的面孔

爸爸打开投影仪,屏幕上出现了茫茫宇宙和被大气包围的地球。配合不断变换的画面,传来了男女解说员动听的声音:

根据探究,大约在50亿年前,大气伴随着地球的诞生就出现了,也就是科学家所说的"星云开始凝聚"时,地球周围就已经包围了大量的气体了。那时候的大气叫"原始大气"。原始大气和现在的大气是不一样的。原始太阳系中弥漫着冷的固体微粒和气体,它们是形成行星、卫星和大气的原料。原始地球

被原始大气包围的原始地球示意图

是原始太阳系中的行星之一。它是由原始太阳系中心体中运动的气体和宇宙尘埃借引力吸积而成。它一边增大，一边扫并轨道上的微尘和气体，一边在引力作用下收缩。随着原始地球转变为地球，地表渐渐冷凝为固体，原始大气也就同时包围地球表面了。

科学家对原始大气的成分有着不同的看法。有的认为，原始大气中的气体以氢气和一氧化碳为主；有的认为，原始大气中的气体以氢气和氦气为主。对原始大气成分的这两种看法虽然很不相同，但并不是不能统一。有人做了这样的解释：即使是原始大气，其成分也是在不断变化着的。在地球形成之初，温度不是很高，吸积的气体应当以氢气和一氧化碳为主。但当吸积的气体较多时，温度就会很快升高，这时原始大气中的气体就以氢气和氦气为主了。这种解释看来很有道理。

原始大气存在的时间不太久，仅数千万年。这是因为，当地球形成以后，由于地球内部放射性物质的衰变，进而引起能量的转换。这种转换对于地球大气的维持和消亡都是有作用的。另外，年轻的恒星一般都要经历一个喷发大量物质流的阶段。太阳这颗恒星经历这个阶段时，正处于地球形成的早期，此时太阳以惊人的速率喷发巨量太阳物质，形成所谓的"太阳风"。于是，太阳风把地球原始大气从地球上"撕开"，刮向茫茫太空。

由于地球内部的高温促使火山频繁活动，火山爆发时所形成的挥发性气体就逐渐代替了原始大气。这些大气的主要成分是一些分子量比较重的气体。这些气体与地球的固体物质之间互相吸引，互相依存。这些气体并没有被地球偌大的离心力所抛弃，反而拥有了第二次"生命"——"次生大气"。

给"次生大气"画像

"次生大气"是什么样呢?让我们来给它画个像。次生大气笼罩地表的时期大体在45亿年前到20亿年前。在地球形成时被吸积并禁锢于地球内部的气体,通过造山运动和火山活动而排出地表,这种现象称为"排气"。地球形成初期遍及全球的排气过程,形成了地球的次生大气圈。这时的次生大气成分和火山排出的气体相近。例如,夏威夷火山排出的气体主要为水汽(约占79%)和二氧化碳(约占12%)。

次生大气中没有氧气,这是因为地壳调整刚开始,地表金属铁很多,氧很容易与铁结合而不能在大气中留存。因此,次生大气属于"缺氧性还原大气"。次生大气形成时,水汽大量排入大气,当时地表温度较高,大气中不稳定对流发展很旺盛,强烈的对流使水汽上升凝结,进而频繁产生风雨雷电,地表也就出现了江河湖海等水体。这对地球后来出现生命并形成现在的大气有很大意义。

今天的大气什么样

今天的大气,是由次生大气演变而来的。次生大气本来是没有氧气的。后来,随着太阳辐射向地球表面的纵深发展,光波比较短的紫外线强烈的光化反应,使次生大气中生成了氧气,而且氧气的含量不断地增加。有了氧气,就为地球上生命的出现提供了极为有利的条件。经过几十亿年的分解、同化和演变,生命终于在地球大气这个摇篮中诞生了。原始的单细胞生命在大气这个摇篮中不断地演变、进化,终于发展成了今天主宰世界文明的高级人类。

今天的大气虽然是由多种气体组成的混合物,但主要成分是氮气,其次是氧气和氩气。二氧化碳在初始大气中占的分量很大,但是由于光合作用的发展，碳被大量用来构成生物体，另外一部分碳溶于海洋，成为海洋生物发展的一种物质。所以，二氧化碳的成分就不那么多了。

现在大气中的主要成分是氮气，但从原始大气或火山喷发气体中来看，氮气的成分是很少的，只有百分之几。而现在氮气的增多，主要有以下原因：现在大气中的氮气，最初有一部分是由次生大气中的氮气和氧气发生化学反应而产生；火山喷发的气体中，也可能包含一部分氮气；在动植物繁茂后，动植物排泄物和腐烂遗体能直接分解或间接地通过细菌分解为氮气。

氮气是一种惰性气体，不活泼；氧气虽是一种活泼气体，但在常温下氮气和氧气不容易发生化合反应。这就是为什么氮气能积集成大气中含量最多的成分，且能与次多成分氧气并存于大气中的原因。至于现在大气中含量占第三位的氩气，主要来自地壳中钾-40（钾元素的一种放射性同位素）的衰变。

由此我们可以得出两点结论：第一，现在的大气成分是地球长期演化的结果，是与水圈、生物圈、岩石圈进行充分物质循环的结果。可以说，这几个圈层是相互联系、互相渗透的一个整体。第二，现在的大气成分循环过程基本是平衡的、稳定的，在短时期内不会有明显变化。

爸爸关闭了投影仪，然后宣布下课。

接下来的几天，爸爸又把播放的"大气由来三部曲"课件内容进行了通俗易懂的讲解，并给小哥俩布置了作业。

大气的家庭成员

大气的秘密

新的一课是"大气的家庭成员"。投影仪上出现了一幅大气成分彩色示意图,解说员配合画面进行讲解:19世纪以前,人们认为地球大气是很简单的,直到19世纪末才知道地球上的大气是由多种气体组成的混合体,并含有水汽和部分杂质。这种含有各种成分的混合物的大气,大致可以分为干洁大气、水汽、杂质和微粒,大气的成分及其作用见表1。随着工业和交通运输的发展,大气中又增加了新的污染物。

表1　大气的成分及其作用

三大组成成分		基本作用
干洁大气	氧气	约占21%(以体积含量计),氧化作用
	氮气	约占78%(以体积含量计),组成生物体的基本成分
	二氧化碳	光合作用的原料,温室效应
	臭氧	吸收紫外线,影响平流层气温
水汽		成云致雨的必要条件,强烈吸收长波辐射,含量变化大
固体杂质		成云致雨的必要条件,影响大气温度和质量

干洁大气的成员

地球大气含有多种气体。低层大气的成分可分为两类:一类为常定成分,主要包括氮气、氧气、氩气,以及微量的惰性气体氖气、氦气、氪气、氙气等,它们在大气成分中保持固定的比例;另一类为可变成分,它们的比例随时间、地点而变。其中,水汽的变化幅度最大,二氧化碳和臭氧所占比例最小,但对气候影响较大;硫、碳和氮的各种化合物还影响到人类生存的环境。

大气的家庭成员

干洁大气是指大气中除去水汽和固体微粒以外的整个混合气体，简称干空气。它的主要成分是氮气、氧气、氩气、二氧化碳，容积含量占全部干洁大气的99.99%以上。其余的是少量的氦气、氖气、氪气、氙气、臭氧等。

由于大气中存在着空气运动和分子扩散作用，使不同高度、不同地区的空气得以进行交换和混合。但从地面向上到80～100千米高处，干洁大气各种成分的比例基本上是不发生变化的。

干洁大气成员中，对人类活动及天气变化有影响的是氧气、氮气、二氧化碳和臭氧。

在大气中，以体积含量计，氧气约占21%，它是动植物生存、繁殖的必要条件，氧气的主要来源是植物的光合作用。动植物的呼吸和腐烂、矿物燃料的燃烧需要消耗氧气而放出二氧化碳。

氮气在大气中约占78%，它的性质很稳定，只有极少量的氮能被微生物固定在土壤和海洋里变成有机化合物。氮气和氧气能在闪电作用下发生化合作用，形成的氮氧化合物随雨水落入土壤，能转化为植物所需的肥料。

二氧化碳含量随地点、时间而异。人烟稠密的工业区二氧化碳质量约占大气质量的万分之五，农村大为减少。同一地区冬季多、夏季少，夜间多、白天少，阴天多、晴天少。这是因为植物的光合作用会消耗二氧化碳。

大气的秘密　　010

保护地球的臭氧层

　　臭氧是氧分子吸收短于0.24微米的紫外线辐射后重新结合的产物。臭氧的产生必须有足够的气体分子密度，同时有紫外线辐射。臭氧密度在距地面15～25千米处为最大。臭氧对人类和其他生物是有贡献的。它对太阳紫外线辐射有强烈的吸收作用，加热了所在高度（平流层）的大气，对平流层温度场和流场起着决定作用，同时臭氧层阻挡了强紫外辐射，保护了地球上的生命。

大气中的水汽

　　水汽在大气中含量很少，但变化很大，变化范围在0～4%。水汽绝大部分集中在大气低层，有一半的水汽集中在距地面2千米以下，60%的水汽集中在距地面4千米以下。距地面10～12千米以下的水汽约占全部水汽的99%。

　　大气中的水汽主要来源于水面蒸发和植物蒸腾。水汽含量在大气中变化很大，是天气变化的主要角色，云、雾、雨、雪、霜、露等都是水汽的各种"模样"。水汽能强烈地吸收地表发出的**长波辐射**，也能放出长波辐射。水汽的蒸发和凝结又能吸收和放出热量，这都直接影响到地面和空气的温度，影响到大气的运动和变化。

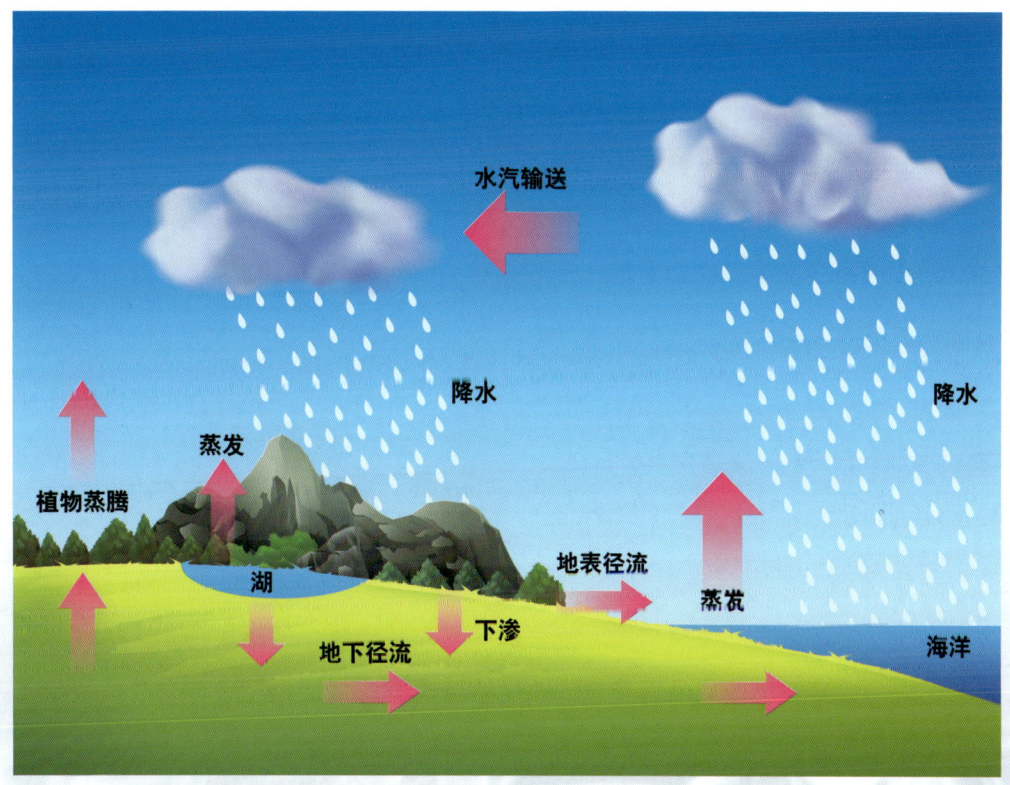

水循环过程示意图

大气中的杂质和微粒

大气中还有很多液态或固态的杂质、微粒。杂质是指来源于火山爆发、尘沙飞扬、物质燃烧的颗粒。微粒是指流星燃烧所产生的微粒和海水飞溅扬入大气蒸发后留下的盐粒,还有细菌、微生物、植物的孢子、花粉等。其中,液态微粒是指悬浮于大气中的水滴、过冷水滴等水汽凝结物。杂质和微粒多集中于大气的底层。

我们把悬浮在气体介质中沉降速度很小的液体和固体粒子称为"气溶胶粒子",包括尘埃、烟粒、海盐颗粒、微生物、植物孢子、花粉等,不包括云、雾、雨、雪等水成物。最小的气溶胶粒子来自燃烧的烟粒、工业粉尘、森林火灾、火山爆发等,也有宇宙尘埃。气溶胶粒子中的大粒子和巨粒子来自风刮起的尘埃、植物孢子、花粉,或由海面波浪气泡破裂产生。

那么,气溶胶粒子对大气有什么作用呢?气溶胶粒子可以吸附或溶解大气中某些微量气体,产生化学反应,污染大气,还能改变大气辐射平衡状态,或影响大气能见度。气溶胶粒子又是大气中水汽凝结的核心,是成云致雨的必要条件。

爸爸形象地比喻说:"看来,气溶胶粒子既是'坏蛋',也是'好人'。"引得小哥俩笑了起来。

大气中新的污染物

休息片刻,投影仪又开始工作了。

在干洁的大气中,痕量气体的组成是微不足道的。但是在一定范围的大气中,出现了原来没有的微量物质,就有可能对人、动物、植物及物品、材料产生不利影响和危害。当大气中污染物的浓度达到有害程度,以至破坏生态系统和人类正常生存和发展的条件,对人或物造成危害时,这种现象叫作大气污染。

大气的家庭成员 ——— 013

大气污染

　　造成大气污染的原因，既有自然因素又有人为因素，尤其是人为因素，如工业废气、汽车尾气和核爆炸等。近年来，人们谈霾色变。霾的形成与污染物的排放密切相关，城市中机动车尾气及其他烟尘排放源排出粒径在微米级的细小颗粒物，停留在大气中，当逆温、静风等不利于污染物扩散的天气出现时，就容易形成霾。霾的组成成分非常复杂，包括数百种大气化学颗粒物质，其中有害健康的主要是直径小于10微米的气溶胶粒子，如矿物颗粒物、海盐、硫酸盐、硝酸盐、有机气溶胶粒子、燃料和汽车废气等，它能直接进入并黏附在人体呼吸道和肺泡中。

　　随着工业和交通运输事业的发展，大气中二氧化硫、一氧化氮、硫化氢、氨气、一氧化碳等污染物日渐增多，严重影响了大气环境的质量，特别是在人口稠密的城市和工业区域，直接影响着人体健康和天气、气候的变化。

大气的秘密

大气与万物相关

地球上所有生物都生活在地球大气中，因此可以说，大气与万物息息相关。

首先是大气中的水分通过降水进入土壤，滋养地面万物。土壤中的水一部分通过植物的呼吸和蒸腾及本身的蒸发排放到大气中；一部分与植物中含碳、氮、硫、磷元素的有机物发生生化反应，通过呼吸与分解又向大气排放二氧化碳；再有一部分流入地表河流或渗入地下，在流向海洋的过程中遇到动物排泄的粪便，发生生化反应。这些反应物与陆地上含碳、氮、硫、磷的物质一起流入海洋，成为海洋生物养分的一个来源，海洋生物的呼吸与分解又把二氧化碳排放到大气中。

大气中二氧化碳的另一个来源是人类燃烧煤、石油、天然气等燃料。大气中的二氧化碳通过光合作用被陆地植物、海洋浮游植物吸收，同时，这些植物向大气排放氧气，供给人和其他生物。

大气中的气溶胶粒子会污染大气、影响大气能见度，但它又是大气中水汽凝结的核心，云雨的形成不能没有它。

接下来的几天，爸爸又把播放过的"大气的家庭成员"课件内容进行了通俗易懂的讲解，并给小哥俩布置了作业。

大气结构"五层楼"

珠穆朗玛峰

大气的秘密 —— 016

星期天，爸爸开车拉小哥俩到市气象科普馆参观地球大气结构模型。哇！这个模型好大呀！通过光电效果，模型把地球大气结构展现给观众。说来也巧，今天正赶上市气象台王总工程师到科普馆当志愿者，为广大参观者义务讲解。

科普馆里回响着王总工程师那浑厚的男中音。

大气圈是包围地球的空气的总称。它同阳光和水一样，是地球上一切生命赖以生存的重要物质之一。它像一件厚实的"外衣"，保护着地球上的所有生物。我们生活在大气圈中，却看不见大气，也摸不着它，但它却无时无刻不在变化，无时无刻不在证明它的存在，它是气象变化万千的舞台。

有时蔚蓝天空阳光明媚，有时乌云滚滚狂风暴雨；有时风和日暖，有时地冻天寒；更有雨过天晴七彩虹霞、海市蜃楼极光天幕……大自然展示出一幕幕变化无穷的景象。

大气层随着离地表面的高度不同，内含的成分，物理、化学特征也不同。科学家为了揭开大气的秘密，按温度变化把整个大气层分为五层，我们不妨把这五层大气比喻为五层楼。

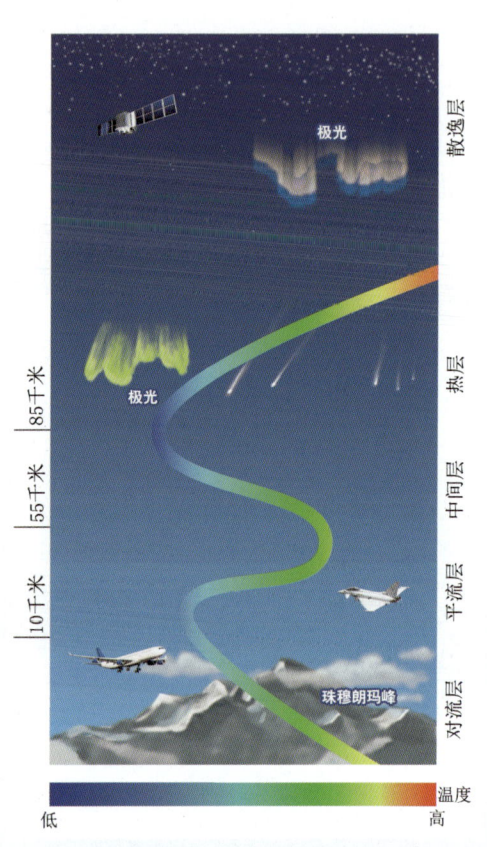

大气分层示意图

一楼：离地球最近的对流层

对流层是大气层的最低层，其厚度因纬度和季节而异。在赤道附近为16～18千米，在两极为7～10千米，而在中纬度则为10～12千米。一般冬季薄，夏季厚。这一层集中了约整个大气3/4的质量和几乎全部的水汽。大气的对流在这一层十分发达，所以给它起了"对流层"这个名字。在这一层里，气温随高度的上升而下降，平均每上升100米降低0.65 ℃。对这一点，我们在夏日登山时就有深刻体会。比如，夏天我们去爬相对高度为4000米的高山，山下是20 ℃，根据平均每上升100米降低0.65 ℃的规律，到了山顶就只有-6 ℃，已经看见冰雪了。

在对流层里，大气的活动异常激烈，或者上升，或者下降，甚至还会翻滚。正是由于这些不断变化着的大气运动，形成了多种多样复杂的天气变化，风、云、雨、雪、雾、露、雷、雹等也多发生在这一层里，我们所说的"气象变化万千的舞台"主要是指这一层。这一层的顶部叫对流层顶，对流层顶的气温不再随高度上升而降低，而是基本不变，是一个比较稳定的层次，对流层里的天气影响不到这儿来。对流层顶经常晴空万里，能见度很好，空气平稳，非常适宜喷气式客机的飞行。

二楼：水平运动为主的平流层

平流层是指从对流层顶向上到距地面约55千米之间的大气层。这一层是地球大气中臭氧集中的地方，尤其是在这一层的下部，即在距地面16～25千米的高度上，臭氧浓度最大，因而这一层被称为臭氧层。由于臭氧能大量吸收太阳辐射热而使空气温度大大升高，所以这一层的最大特点是温度随高度的上升而升高，到平流层顶部温度增大到最大值。

平流层虽然水汽极少、天气现象比较少见，但人们发现，随着气象火箭和气象卫星的发射，平流层的气流等的变化与对流层中天气变化有着密切联系，会相互影响。

三楼：承上启下的中间层

中间层是从平流层顶向上，也就是距地面55～85千米这个范围的大气层，简称中层。在这里，温度随高度而下降，大约在80千米达到最低点，约为-90 ℃。

四楼：密度很小的热层

热层是从中间层顶向上到距地面500千米左右的大气层。这层大气都处于部分电离或完全电离的状态。热层的温度随高温的增加而迅速增加，层内温度很高，而且有明显的昼夜变化。

五楼：与真空比邻的散逸层

散逸层也叫外层，是距地面500千米以上的外大气层，这一层的层顶也就是地球大气层的层顶。在这里，地球的引力很小，再加上空气又特别稀薄，气体分子互相碰撞的机会很小，因此，空气分子就像一颗颗微小的导弹一样高速地飞来飞去。一旦向上飞去，就会进入碰撞机会极小的区域，最后它将告别地球进入星际空间，所以外大气层被称为散逸层。这一层温度极高，但近于等温。这里的空气也处于高度电离状态。

近代对大气的探测

大气层有多厚，"天"有多高呢？人类一直在孜孜不倦地探索着这个问题。

1783年，法国的蒙特哥菲尔兄弟成功地释放了人类第一个热气球，这个热气球上升了900多米。

1804年，法国科学家盖吕萨克乘气球上升到了约7千米的高度。

1892年，科学家设计出带有仪器的无人乘坐的气球，这样就能升得更高，从过去从未探索过的高空气层带回那里大气的温度和压力的情报。

20世纪30年代，科学家设计出能保持地球表面空气压力和温度的密封舱，人类得以进入更高的大气层。

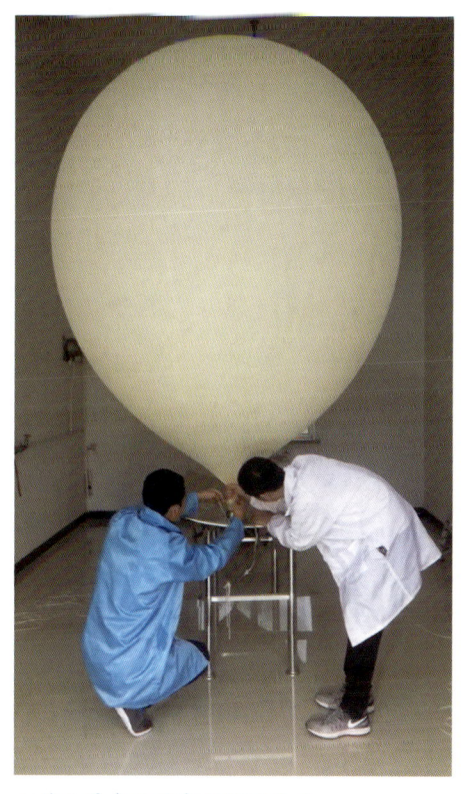
工作人员在施放高空探测气球

多普勒天气雷达

1938年，被命名为"探险者2号"的气球上升到21千米的高空。

1960年，载人气球已能上升到34.5千米，而不载人气球已能到达50千米的高空。

再后来，飞机、火箭、雷达、人造地球卫星的发明，使人们对大气层有了更科学的认识。

其实，大气层并没有明确的边界，它只是逐渐稀薄下去，一直延展到几乎一无所有的宇宙空间。人们曾经探测到160千米高空处的陨星光迹，那里的大气压只有地球表面的几百分之一，空气密度只有地球表面的10亿分之一。但这一点点空气就足以使它们那一点点物质因摩擦而燃烧到白炽。我们所看到的由于受到外层空间高速粒子的轰击而发出冷辉光的气体所形成的北极光，就位于海平面以上800~1000千米的高空。

人类用平流层气球和探空火箭进一步认识了10千米以上的地球大气，这些工具有助于人类认识地球大气的成分和结构。大气的特征有待人们进一步探索。

大气各层对人类活动的影响

大气各层对人类活动都会造成影响。

对流层是大气中最活跃、对人类活动影响最大的一层。这是因为人类就生活在这一层的底部。一个人可以整天不喝水、几天不吃饭，生命仍然能够延续，但是，如果几分钟内呼吸不到空气，就要危及生命，可以说大气与我们息息相关。丰沛的水汽和固体杂质在对流运动中能成云致雨，为天气变化提供了辽阔的舞台，复杂多变的天气也深刻地影响着人们的生产和生活。

平流层虽然不贴近地面，不是人类生存必须的环境，但是它与人类的关系也极为密切。首先，平流层底部聚集了大气中大部分的臭氧，臭氧大量吸收太阳辐射中的紫外线，为地表生物撑起了天然保护伞。其次，平流层内大气多做水平运动，对流运动微弱，再加上这一层中水汽、固体杂质含量极少、晴空万里、能见度好，所以这一层是航空飞行的理想层。现在，人们乘坐的大型飞机多在这一层飞行。

中间层离人类又远了一步，可是仍然能影响到人类。不少"天外来客"——陨石，在闯入地球大气层后，大部分走到这一层时就化为了灰烬。从而使我们地球不致遭受众多陨石的轰击，又让我们看到了美丽的流星。

热层已离我们十分遥远了，但与人类的活动仍有联系。这一层的空气能直接吸收太阳辐射而获得能量，导致这里的氮气、氧气在强烈的太阳辐射作用下处于电离状态。它就好像是一面反射无线电波的镜子，使电波在地面和这一层之间能够多次反射而传播到很远的地方，使生活在地球各个角落的人们及时沟通，实现"天涯若比邻"。

散逸层是离地表最遥远的层次。随着航天技术的发展，科学家们已将众多的人造卫星发射到这一层，天空实验室也在这里建造，例如苏联"和平号"空间站（2001年坠毁）。现在，已有不少宇航员乘航天飞机而来，在空间站里生活，进行科学实验，为人类了解太空、开辟新的生存空间不懈地努力着。

大气的秘密

王总工程师滔滔不绝地讲了这么多,在场的人无不为他的渊博知识而对他敬仰。

他最后总结道:"地球的大气层是地球上一切生命物体,包括人类生存的基本条件之一,地球上的一切事物都受到大气层影响。大气层还是保护地球上的生物免受陨石等来自太空物体袭击及紫外线辐射危害的屏障。但是,大气层不是总给人类带来好处,由于它是不稳定的,而且常常发生激烈变化,所以也会给地球上的生命体带来各种灾难,给人类的生命财产造成损失。这种由大气作用对人类生命财产、国民经济及国防建设所造成的损害,叫作'气象灾害'。中国是世界上气象灾害发生最频繁、受灾最严重的国家之一,因此,认识气象灾害的发生机理并做出准确的预报就成为我们气象部门参与减灾防灾的主要任务。"

晚饭后,小哥俩回顾今天的收获,你一句我一句地作了一首记忆大气分层的顺口溜:

大气上下分五层,
对流层内对流生,
平流层上是中层,
热层、外层到太空。

大气压力趣谈

大气的秘密 —— 024

要想揭开大气的秘密，必须对大气压力有所了解。爸爸妈妈制订了一套有趣的授课计划，带领齐象和齐候一同走进"气压王国"。

从一首谜语诗说起

星期天，妈妈在记事板上写了一首诗：

可闻不可见，
能重复能轻，
镜前飘落粉，
琴上响余声。

然后对齐象和齐候说："这首诗叫《咏春风》，是我国南北朝时期一个叫何逊的人写的。其实，这是一个谜语，打一天气现象。你们俩能猜出来吗？"

这个谜语可没考住两位小气象迷："它的谜底是风！"

"对了！"妈妈对自己的孩子很满意。

"那么，风是怎样形成的呢？"妈妈循循善诱。

这个问题在小学科学课本中早已有了答案：空气流动就形成了风，风就是流动着的空气。所以仍然没考住小哥俩。

妈妈说："提起空气这个词儿，不知你们注意没有，当人们谈到某一件质量很轻的东西时，常会说，'它轻得和空气一样'，这种比方其实是习惯性的错误。古希腊的一些哲学家如柏拉图等就已经假定空气是有质量的了，但他们并没有找到令人信服的方法来证明。所以空气没有质量的错误概念一直保持到17世纪。后来，意大利学者伽利略做了实验，才推翻了这个错误的结论。

"其实，伽利略在300多年前做的这个实验很简单：用气泵向一个大玻璃瓶

伽利略测空气质量的实验

子里打足气,然后用天平称它。当天平平衡以后,再把瓶口打开,这样,瓶子这边就变轻了,放砝码那边相对变重了。伽利略认为:这是因为打进去的空气跑走了一部分,瓶子减轻的质量就是跑走那部分空气的质量。这足以说明,空气并不'空',它是有质量的。

"伽利略还曾做过测量空气'相对体积质量'的实验。'相对体积质量'也就是人们常说的'比重',但'比重'属于非标准的、已被废弃了的名称,你们要记住。根据这个实验,伽利略估算出单位体积内空气的质量大约是水的质量的1/400。

"后来,人们进行了更加精密的测量,知道1立方厘米水的质量为1克,1立方厘米空气的质量为0.00129克。单位体积水与空气的质量比为773∶1。"

空气也能买卖

午休后,爸爸和妈妈一起来到齐象和齐候的房间。爸爸妈妈说要送给小哥俩一件礼物,并要小哥俩把眼睛闭上,嘴里数10个数。

小哥俩闭上眼睛,嘴里数着"1,2,3,4,5,6,7,8,9,10"。睁开眼一看,一本科普图书摆在他们面前,书名是《水·空气·电》。爸爸说:"在这本科普读物里,作者斯卡特金讲了一个买空气的故事,你们看看会有益处的。"

小哥俩迅速地翻到了这个故事,一下子就被吸引住了。

这个故事发生在20世纪初的英国。那时候,飞机刚刚问世,人们对飞行师十分敬慕。有一个飞行师驾驶着飞机飞过英吉利海峡从法国到达了英国。他在一个小镇附近降落后,被当成英雄接待。他的朋友把他请到饭馆里用餐,人们闻讯后立即从四面八方赶来,把这家饭馆挤得水泄不通。大家问这问那,纷纷请他签名留念。

当时,有一个商人也夹在人群中间,他却在想着怎样利用这个机会发点横财。他灵机一动,想到了满屋子的空气。

只要把飞行师和众人呼吸过的空气,用许多小瓶子装起来,然后当作纪念品出售,一定能有一笔可观的收入。商人越想越高兴,立即把饭馆老板叫了过来。当商人把自己要买空气的打算说出来后,饭馆老板感到不可理解。后来,弄清楚商人的确不是开玩笑时,老板说:"好吧,1立方米空气10块钱,整个屋子一共是100立方米空气,你就给1000块钱吧!"

可是商人自作聪明地说:"卖空气哪能按立方米呢,应该按质量。这样吧,每1千克空气我给你10块钱好了。"

大气压力趣谈 027

饭馆老板怕错过这个机会，心想，反正空气是白来的，就痛痛快快答应了。

这时，有人偷偷地对老板说："你真傻，你让商人给骗了。空气也没分量呀！他把全屋子空气都买走你也得不到1分钱呀！再说，空气也没法称呀！"

买卖空气

饭馆老板听了，一时不知该怎么办才好。

那么商人到底买没买成空气呢？我们暂且不去管他了，因为这本书的作者也没交代。还是让我们先看看下面这个数据吧。据测定，在0 ℃和1013百帕大气压下，空气的密度是1.293千克/米^3。靠近地面的空气的密度非常接近这个数据。知道了这个数据，一算就能算出来，1立方米空气的质量是1.293千克。

如此说来，按质量买空气，实际上比按体积买空气更贵。商人如果按质量买空气，反而多付了钱。

爸爸做了一个小结："这个故事告诉我们，空气是有质量的。1立方米的空气虽然只有1.293千克，可是一个普通房间里的空气就有几十千克，大的房间可达上百千克。那么，我们不妨来计算一下，北京首都体育馆内的空气有多少吨呢？"

小哥俩拿出计算器，根据首都体育馆的体积一算，这个体育馆内的空气重达500吨！

妈妈说："你们算得很对。由

计算空气质量

此说来，空气不但是有质量的，而且它的质量还相当可观呢！"

分而治之"称"空气

齐象和齐候合上《水·空气·电》这本书，准备晚上再看。他们对爸爸妈妈说："谢谢爸爸妈妈，送给我们这么有趣的书。"

"且慢，'来而不往非礼也'，我们向你们推荐了《买空气的故事》，你们也该给我们讲个故事了吧？"爸爸突然来了个讨价还价，这可使小哥俩犯难了，一时不知讲啥故事才好。

爸爸看出了小哥俩的内心活动，又补充了一句："当然要讲与大气压力有关的故事了。"

这个"补充说明"更使小哥俩丈二和尚——摸不着头脑了。

爸爸妈妈哈哈地笑了一阵子说："你们在小学不是学过曹冲称象的故事吗？你们就讲讲这个故事吧。"

"这和大气压力挨得上吗？"小哥俩露出怀疑的目光。

"当然挨得上。等你们讲完了这个故事我再告诉你们不迟。"

"那好吧，我先开个头。"齐象说罢，就像老师给他们讲课那样，有条不紊地讲了起来，"在我国，曹冲称象的故事可以说是家喻户晓，妇孺皆知。故事说1700多年以前，吴国的孙权为了讨好魏王曹操，有一次派人给曹操送来一头大象。曹操很高兴，带了7岁的儿子曹冲和文武官员去看大象。曹操问身旁的文武官员：'这头大象有多重？谁有办法把它称一称？'大家面面相觑，一时难住了，谁也想不出一个称大象的好办法。"

齐候接着讲："这时，小曹冲从人群中跑出来说：'我有办法。'曹操忙问：'什么办法？'曹冲说：'先把大象赶到一条大船上，看水升到船的什么地方，做一个记号；然后把象牵走，再在船里装上许多大石头，等船沉到做记

大气压力趣谈　　　　029

曹冲称象

号的地方为止；最后，把这些石头搬下船来，分别称一称每块石头有多重，再合在一起，就是大象的重量了。'"

齐象收尾："曹操听后，喜出望外，立刻命令左右照曹冲的办法做，果然称出了大象的重量。"

妈妈表扬说："你们讲得很精彩，可以打100分！"

爸爸说："为什么要讲这个故事呢？因为前面咱们说过空气是有质量的，可是空气的总质量是多少呢？曹冲称象这个故事使我们受到了启示，对空气也

大气的秘密 —— 030

可以分割求质量，然后再求出总和，不就是空气的总质量了吗！"

"你看咱爸咱妈，拐弯抹角地倒挺能联系呢！"齐候小声跟齐象说。

爸爸继续讲下去："我们假设大气是静止不动的，这样就可以把大气分割成许许多多个垂直于地面的空气柱，让每个空气柱的底面积为1平方厘米。这样的气柱又细又长，一直伸到大气层的上界。"

说到这里，爸爸在记事板上画了一个又细又长的气柱，它看上去很像孙悟空大闹龙宫里的定海神针。

爸爸指着这根"神针"的底部说："我们只要在这里安放一个特殊的秤就能测出整个空气柱的质量了。"

"这个秤是什么样的呢？"齐象和齐候一齐问。

"这个'秤'就是气压计。"爸爸说，"气压计可以测量气压，气压在数值上等于单位面积上延伸到大气上界的垂直空气柱所受到的重力。经过

自记气压计

换算，在海平面高度上，这个空气柱的质量约为1.033千克。地球表面积为5.1亿平方千米，那么我们只要通过简单计算，就能得出整个大气层的质量——$5.268×10^{15}$吨！这个数字够惊人的吧？看，这个无边、无棱、看不见、摸不着的庞然大物的质量，就这样用分而治之的办法巧妙地称出来了。如果要用同样质量的铁来代替大气，那么，地球表面就要披上一层1.3米厚的铁甲了。1.3米相当于你们小学生的个头！真是不可思议。"

爸爸说："根据计算出的结果可知，地面上每平方米面积上大约要承受10吨重的大气压力。人类生活在大气的最底层，一个中等身材的人，表面积为1.5平方米，他要承受15吨的大气压力！这个数字会吓你们一跳吧？"

"既然一个人受到15吨的大气压力，我们为啥感觉不到呢？"齐象提出了一个很有代表性的问题。

"其实道理很简单，"爸爸说，"因为人体内也有空气，也受到同样的大气压力，并且这个压力和外面的大气压力一样大。进入肺腔、肠、胃、中耳、

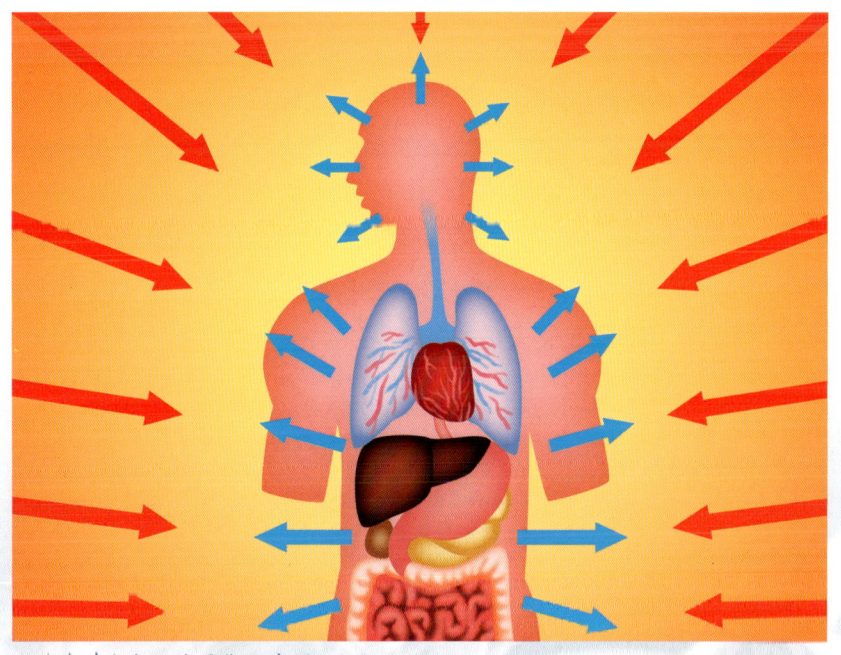

人体内外大气压力平衡示意图

大气的秘密

鼻腔等处的大气压力和外部的大气压力保持着平衡，所以，人体能适应这样大的大气压力。"

为了说明这个问题，爸爸要齐象和齐候做个小实验：他给齐象和齐候每人发一张普通纸，让他们每人用一根手指头戳这张普通的纸，结果他们不费吹灰之力就把纸戳了个洞。接着爸爸又让他们用左手和右手的两根手指头，从两边对着戳纸，他们就算用了吃奶的力气也不能把纸戳出洞来。

爸爸说："这个小实验可以帮助说明人体内外大气压力平衡的道理。一切陆地上的动物，也都有用来平衡大气压力的内压力，这样它们才能生存。"

"那么，人的呼吸也和大气压力有关了？"齐候问。

"是的。"爸爸说，"人们常说，把空气'吸'到肺里，这种说法并不十分准确。肺是悬在胸腔中的大薄膜囊，肺的下面有块横隔膜，横隔膜往下压，肋骨抬起来，胸腔的容量增大，使肺外的大气压力比肺内的大，所以，空气就从体外压入肺内，这就是吸气。横隔膜向上运动，胸腔缩小，就把空气压出了肺部，这就是呼气。"

原来是这么回事呀！齐象和齐候又明白了许多道理。

高兴之余，小哥俩作了一首打油诗，你一句我一句地念了起来：

巧引曹冲称象例，

分而治之"求"大气，

两指对戳不破纸，

内外平衡人适宜。

市长的马德堡半球实验

风儿轻轻，鸟儿欢唱，又是一个阳光明媚的星期天。

大气压力趣谈

爸爸开车带着妈妈、齐象和齐候在临海公路上疾驰。他们要到新建成的科学城里观看著名的马德堡半球实验。

在车上，妈妈告诉齐象和齐候："奥托·冯·格里克是德国一位有名的自然哲学家，他曾经学过法律和数学。1627年，他当选为马德堡市参议员，1646年就任马德堡市市长和布朗登堡的行政长官。他对公务尽忠职守，工作效率极高。他受伽利略、帕斯卡、托里拆利等人的科学发现所熏陶，空闲时专注于科学研究，主要研究气体力学。他是进行过马德堡半球实验的伟大的气体力学专家。

"大气是否存在压力，这个问题曾经是17世纪德国科学界争论的中心。格里克当时决心用一系列实验来证明大气压力的存在。最初，他从一个密封的木桶内抽去空气，结果木桶被外面的大气压力挤坏了。接着，他又用钢片做了一个空心球，抽出里面的空气，这个钢片球也经受不了大气的压力，被挤坏了。后来，他制作了两个坚固的铜半球，合起来成为一个空心铜球，直径为37厘米。这两个铜半球做得很精密。他把半球的边缘密封起来，连接一根导管，通过导管用他自己发明的一个抽气机把气抽出来，然后在半球边上涂抹油脂加强密封，这样球内就接近真空了。球壳外面受到单方面的巨大空气压力，使两个半球牢固地贴靠在一起，用手掰是掰不开的。这个力到底有多大呢？"

汽车在科学城停车场停住了。

科学城好大呀！路两旁是色彩缤纷的带状公园。园内长满了奇异的花草树木；绿树丛中，掩映着具有各国风格的园林建筑，令人目不暇接。这一切，给人一种脱离尘世的梦幻般的感觉。

爸爸买了门票，正赶上10点钟这场表演。

表演在德国的一支赛马乐曲中开始了。

由演员扮演的市长"格里克"叫两名身强力壮的"德国"驭手从马棚里往外

大气的秘密 —— 034

马德堡半球实验

牵出两匹高头大马,他们把两匹马分别拴在"格里克"制作的铜球的两边。

"格里克"一声令下,两名驭手同时甩响了鞭子,两匹马累得汗水淋淋,可是铜球却安好无恙。紧接着,两名驭手又各自牵来了1匹马,用4匹马对拉铜球,还是拉不开,这样不断地增加马匹,6匹马、8匹马、10匹马、12匹马、14匹马,一直增加到16匹马对拉,才把两个铜半球拉开。表演场上气氛热烈,比观看大型足球赛还过瘾。特别是当铜球被拉开的时候,外面的空气猛冲入球内,发出了一声巨响,人们都沸腾起来,热烈鼓掌。齐象和齐候把手都拍疼了。

在科学城休息厅里,爸爸告诉齐象和齐候:"1654年5月8日,格里克在德国马德堡的一块空地上首次表演了对抗赛式的马拉半球实验。那天人山人海,热闹非凡,人们从四面八方汇集到那里。就连德国皇帝和王公贵族也都来观看了表演，当时有人惊叹道：'恐怕自从创造了世界以来，就连太阳也没见过这么稀奇的事儿吧！'人们终于相信了大气压力的存在。"

妈妈总是善于总结："通过这个举世闻名的马德堡半球实验，我们可以看出，格里克市长不仅是一位科学家，而且还是一位擅长技艺的表演艺术家。本来他可以用呆板的方法进行半球实验，这种方法就是把一个铜半球捆在大树上，用一支马队来拉另一个铜半球，这样的拉法也可达到预期效果。可是格里克先生却用两支马队互相对拉，简直是绝技表演！看起来就更加引人入胜，人们对大气压力的印象就更深刻了。"

小哥俩拉半球

齐象和齐候在科学城观看了马德堡半球模拟实验后，非常感兴趣。小哥俩一合计，准备做个有趣的"人拉半球"实验，以便亲身体会一下大气压力有多大。当然，这个实验要比格里克的实验简单得多。

星期日午后，齐象和齐候到市场买来两个通下水道用的橡胶吸盘。回家后，小哥俩把橡胶吸盘用水润湿，然后扣拢在一起，把里面的空气压出来。齐象抓住一个吸盘的柄，齐候抓住另一个柄，两人向相反方向使劲拉。他俩费了九牛二虎之力才把两个吸盘拉开，并各自跌了一个屁股墩儿，在地上哈哈哈地笑了半天才爬起来。爸爸妈妈看见他们的开心劲儿，也都笑得前仰后合。

爸爸边做示范边告诉齐象和齐候："其实，只用一个吸盘，也可以做类似的实验。像我这样，把木椅的坐面弄湿，把一个吸盘直立放在椅面上；握住木柄往下压，把吸盘压平，使里面几乎成为真空。现在请你们提起木柄。"齐象接过木柄，使劲地提了一下，结果吸盘把椅子吸了起来。

妈妈因势利导："我再教你们做一个非常容易做的'萝卜马德堡半球实验'。"

大气的秘密 —— 036

吸盘小实验

  齐象和齐候这下可不明白了，萝卜怎么能和马德堡半球联系在一起呢？

  妈妈把两个孩子领到厨房说："这是一个完好结实的小萝卜，这是一把小刀，这是一个小碟子。请你们俩把萝卜切成两半，用刀尖把带有长根这半个掏空，注意别弄破了。"

  齐象和齐候照样做了。妈妈接着说："现在你们把这半个掏空的萝卜紧紧压在小碟子中心，然后握住长根把它提起来。"齐象和齐候分别又照着做了。只见小碟子被这半个萝卜吸着一起离开了桌面。

"你们的实验成功了!"爸爸不知什么时候出现在身后,"为什么会出现这样的结果呢?"

齐候迎着爸爸鼓励的目光说:"在'萝卜马德堡半球'中,掏空了的地方成了一个'气室'。当我们把萝卜压在碟子上时,气室里的部分空气被压了出去,里面的空气密度变小了。"

齐象接着说:"而快刀留下的切口又很平整,它和碟子紧密地贴在一起,阻挡了外界空气的进入,这就使'萝卜马德堡半球'内部的空气压力比外部小了,所以萝卜和小碟就紧紧地连在一起了。"

小哥俩颇有条理的讲述,使爸爸妈妈对他们不得不刮目相看。

生活中的小实验

晚上,爸爸给齐象和齐候布置了考试题:在日常生活中,证明大气压力存在的实验是很容易做的,你们每个人连续做出3个小实验并说明其中的道理。下周六上午考试。

常言说:"难者不会,会者不难。"3个小实验对一般的学生来说,是不太容易完成的;但它难不倒齐象和齐候,因为他们经常在家里做各种小实验,爸爸妈妈对他们非常支持,每月拿出100元钱给他们买科学实验用品,希望他们成为"中国的爱迪生"。

小哥俩虽然心里有数了,但还是认真地做了准备,各自制订了实验计划,不打无把握之仗。

周六上午,考试开始了。爸爸主考,妈妈监考。

齐象做第1个实验:把一张纸片放在空玻璃杯口上,然后把杯子颠倒过来,

大气的秘密 —— 038

玻璃杯吸纸片

这时纸片落到了地上。接着，把杯子里装满水，然后盖上纸片，用手扶住纸片，把杯子倒过来，再放开按纸的手，纸片却掉不下来，杯子里的水也淌不出来。

"是什么力量把纸片和杯子里的水托住了呢？"齐象说，"正是大气压力。当杯子里是空的时候，纸片两面受着同样大小的大气压力，两面的大气压力互相抵消，纸片由于本身的重力而下落。当杯子里装满水之后，纸片的下面受大气压力，上面主要受杯内水的压力，而大气压力远远大于杯内水的压力，完全可以托住纸片及玻璃杯里的水。"

爸爸赞许地点了点头，然后说了一句："Next one(下一个)。"

大气压力趣谈　　039

水往高处"流"

　　齐候开始做第2个实验：用两个水桶，一个装满水放在高处，一个灌一点水放在地上。然后在一根1米多长的橡皮管里灌满水，用手指头堵住管子两端，迅速把管子的一端放进高处的桶里，另一端放进地上桶里的水中，同时松开手指头。这时，奇迹出现了——高处水桶里的水向上越过桶边，顺着管子流到了地上的桶里。

　　齐候解释："人们常说'水往低处流'，可是这里的水为什么能在开始时向高处流呢？这是因为，当你把手指头松开以后，管里就会流出一些水，使管里出现了一段没有空气的空间。水桶里水面的大气压力立即把水压进管子里，又

大气的秘密 —— 040

有一些水流出来，大气压力又把水压进水管。这样，水就不断地从管里流了出来。这个管叫虹吸管。虹吸现象是利用水柱压力差，使水上升后再流到低处。由于管口处承受不同的压力，水会由压力大的一边流向压力小的一边，直到管口处压力相等，容器内的水面变成相同的高度，水才会停止流动。利用虹吸现象很快就可以将容器内的水抽出。"

爸爸仍然微笑地点了点头。

齐象做第3个实验：拿一个皮球，把里面的空气放掉，皮球马上瘪了下来。

齐象说："这是因为皮球里面没有了空气，压力也就消失了，于是就被外面空气的压力压扁了。"

"这个实验可够'大'的呀！"在一旁监考一直未说话的妈妈善意地开了一句玩笑。

齐候做第4个实验：把喝汽水用的吸管吸满水，用手指将吸管的一头堵死，把没堵死的那头朝下。这时候，只有少量的水流出来，大部分水仍然留在吸管里。

瘪了的皮球

吸管里的水

瓶塞实验

大气压力趣谈

"是什么力量不让水从吸管里流出来呢?当然是大气压力。"齐候手一挥,俨然一个大教授。

"这个实验也够'大'的呀!"妈妈又开了一句玩笑。

齐象做第5个实验:取一个酒瓶,瓶中装满水,不留一点空气,然后用塞子将瓶口塞紧,塞子中间穿过一根玻璃管。这时,任凭你如何用力吸水也吸不上来。拔去塞子,再用玻璃管吸水,就很容易把水吸上来。

"为什么会出现两种不同的结果呢?"齐象说,"这是因为瓶口被塞紧后,大气压力不能直接作用在水面上。而拔去塞子后,大气压力就作用在水面上,所以水很容易被吸上来。"

齐候做第6个实验:把两个瓷茶杯杯口对着靠近,并把气球放在两个瓷茶杯中间,让气球口露在外面。然后,轻轻地把气球吹起来,同时用手按住两个瓷

气球吸茶杯

大气的秘密 —— 042

茶杯使它们紧紧压住气球。当把气球吹到一定大小时，松开按着茶杯的手，提起气球，两个瓷茶杯掉不下来了。

齐候说："这是由于吹气后，气球与茶杯间的空气逐渐被挤了出去，变得十分稀薄，因而杯内压力比杯外压力小得多。又由于气球与茶杯内壁有一定的摩擦力，所以瓷茶杯就被外部的大气压力紧紧地压在气球上而掉不下来。"

爸爸看了看妈妈，正准备宣布考试结果，不料齐象和齐候一齐有准备地说："老爸且慢！"这一下可给爸爸妈妈闹糊涂了。

"我们每人还要做个小实验。"齐象和齐候又一齐说。

还未等爸爸答应，齐象开始做第7个实验了：把气球平放在桌子上，气球

气球顶书

大气压力趣谈　　—— 043

下面压一本书，然后使劲往气球内吹气，书被顶了起来。只要气球结实不被压破，它就会慢慢把书顶起来。

齐象边在记事板上写一些数据边讲解道："根据帕斯卡定律，作用在密封的气体或液体上的压强，将不变地传递到气体的各部分。如果人吹气所产生的压强是50百帕，也就是每平方米的作用力为5000牛，而气球上支持书的面积是234平方厘米的话，那么，5000牛 × 234 × 10^{-4}=117（牛）。吹气后气球所产生的举力就等于117牛。因此，气球把书抬起来真可谓'轻而易举'。"

齐象的讲解不禁令爸爸妈妈目瞪口呆。

还未等爸爸妈妈缓过神来，齐候开始做第8个实验了：将一个盆里装满水，

盆子里的玻璃杯

大气的秘密

接着把一只玻璃杯放进去。等杯子里充满水后,把它口朝下往上提,提到杯口接近水面时停下。这时,杯子里仍然装满着水。用另一只手把另一只玻璃杯口朝下垂直地按入水中。这只杯子里有空气,水进不了杯子里。把盛着空气的杯子倾斜地放在盛着水的杯子下面,只见下面杯子里的空气接连地化成一个个气泡,冒到盛水的杯子里去,逐渐把里面的水挤走了。于是,原来盛水的杯子里现在盛满了空气,而原来盛空气的杯子里现在却充满了水。

齐候说:"当杯子装满水后向上提时,水柱不会从杯子里落下来,这是为什么?这主要是大气压力的作用。当装空气的杯子倾斜时,空气为什么会向上冒而进入上面一只盛水的杯子内,把水挤了出来?这是因为空气比水轻的缘故。"

"你们这两个小家伙,原来是'老鼠拉木锨——大头在后头'呢!这最后的两个实验很有水平!"

这时,爸爸开始"评卷"了:"前面每人的3个实验都合乎要求,每人100分!"

"那最后的两个实验还给不给分了?"齐象代表齐候问爸爸。

爸爸略加思考后开玩笑说:"那就每人再给你们加上25分,加上原来每人的100分,你俩总共是250分。"

"啊?爸爸说我们是二百五!"小哥俩一人拽爸爸一只耳朵,叫他"投降"。家庭中充满了愉悦祥和的气氛。

花园中的难题

听说爸爸妈妈又带他们去科学城"现场教学",齐象和齐候兴奋得没睡好午觉。

午后,爸爸驱车向科学城驶去。齐象和齐候透过车窗望去,大海依然是那样波澜壮阔,天上碧空如洗,空气中纤尘不见。

妈妈见缝插针，在车上又给齐象和齐候讲起了课．"早在16世纪的欧洲，人们就使用抽水机抽取矿井里或其他地方的积水。当时使用的是最简单的抽水机。这种抽水机是用一根又粗又长的管子，里面装上一个与管内壁配合很紧的活塞。把活塞推到管的底部，插到积水里，向上提起活塞，水就抽上来了。"

"可是，由于16世纪的科学家们普遍认为空气没有质量，所以始终理解不了抽水机为什么能把水提到很高的高度上来。为了解释这个问题，他们就沿用古希腊亚里士多德的'大自然厌恶真空'的说法。亚里士多德是古希腊伟大的科学家，但由于历史的局限，在科学上他也犯过许多错误，'大自然是不允许真空存在的'的谬论就是他一生中所犯的错误中的一个。但是当时的科学家却对他的一切观点深信不疑。按照亚里士多德的自然界没有真空的说法，抽水机可以把水从低处抽到任意高处，但实际上是不可能的。这正是一会儿爸爸要给你们讲的'花园中的难题'。"

一家人在科学城内的一座花园门前下了车。

这座花园内有蜿蜒似带的长廊，有精致而又各个迥异的花窗，有难辨真伪的假山……这是模拟1640年意大利佛罗伦萨市托斯坎斯基大公的花园。

在花园小径旁的一块绿地上，一个由中国人扮演的"洋"技师正在深井安装1台抽水机，吸筒离水面的高度在10米以上。这位技师想把井里的水抽上来，可是令人大失所望：水还没有到达井上，在离井口大约10米高的地方就不肯再上升了。技师一遍又一遍地检查了机器的各个部位，找不出半点毛病。

"这个难题，连大科学家伽利略也没解决得了。"爸爸不无遗憾地告诉齐象和齐候。

"那这个难题后来谁给解决了？"小哥俩一齐问。

"俗话说，'青出于蓝而胜于蓝'，"爸爸说，"花园中出现的这一偶然

大气的秘密

事件,深深地吸引了伽利略的学生托里拆利。他对亚里士多德的理论产生了怀疑:如果大自然真的厌恶真空,为什么水在上升到10米高的时候就不再上升了呢?一定还有其他原因。他认为大气是有质量的,只有在大气压力的作用下,管中的水面才会上升。他为了证实自己的想法,换了一种液体——水银来实验。水银的体积质量是水的13.6倍,那么在同样大小的大气压力作用下,水银上升的高度应该是水的1／13.6。"

爸爸边说边把齐象和齐候带到一个非常漂亮的实验室前,只见门牌上写着"托里拆利实验室,1643"。这实际上是模拟托里拆利1643年进行水银实验的地方。

由中国人扮装的"托里拆利"热情地接待了客人。"托里拆利"边戴防毒手套,边告诉齐象和齐候:"1643年,我做了这样一个实验。"

说着,他把1根1米长、一端封闭的玻璃管里灌满了水银,用手指头封住开口的一端,然后将玻璃管倒插在一个水银槽中。

他边操作边说:"现在我放开了手指头,这少量的水银从玻璃管中流到了槽子里,管中的水银就下降了。但它没有全部落到槽子里,大部分仍然保留在管中,并且管中的水银柱总是降到离槽中水银面76厘米高为止。"

说到这里,"托里拆利"叫齐象和齐候也戴上防毒手套,量一量水银柱是不是76厘米高。小哥俩把尺放直,仔细地量了量,确实是76厘米高。

"托里拆利"把玻璃管倾斜,进到管里的水银多了一些。他说:"尽管这时水银柱的长度增加了,但是管内外水银面的高度差却保持不变,这个高度差仍然为76厘米。而76厘米的13.6倍正是10米左右。这就说明,用水银做实验和用水做实验是一样的。管内的上部没有水银的地方叫真空,我用自己的名字命名为'托里拆利真空'。"

大气压力趣谈　　　　　047

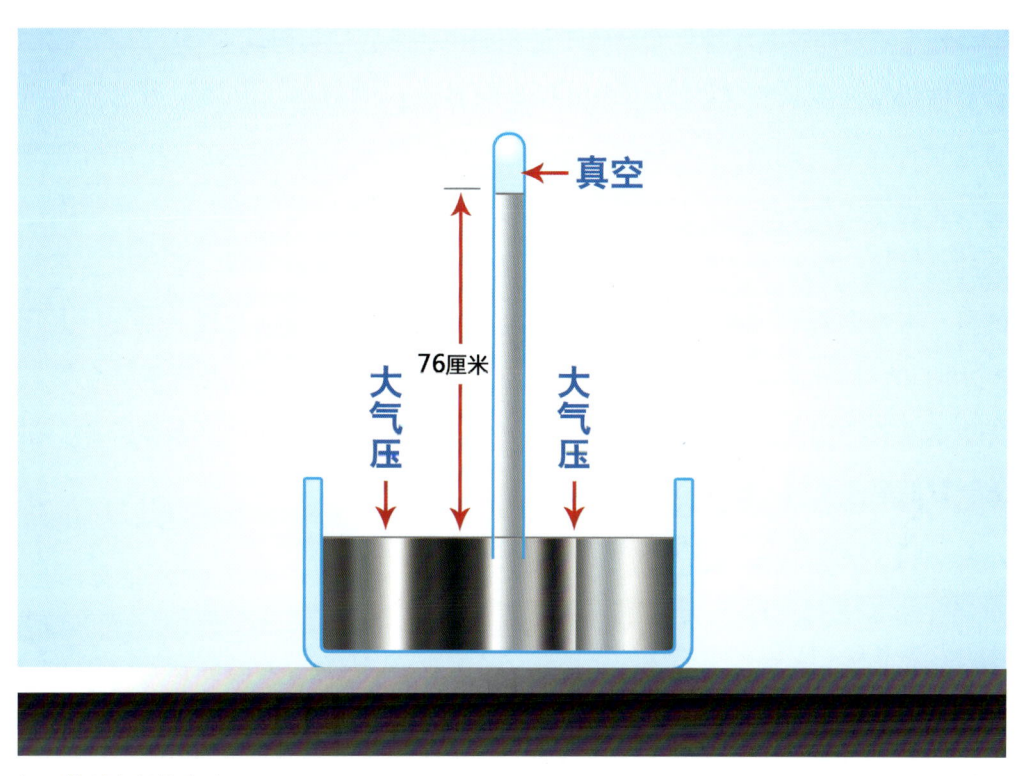

托里拆利水银柱实验

　　那么，管内的水银为什么没有全部流到槽里呢？"托里拆利"说："这正是由于槽中水银面上受了大气压力的缘故，这压力与保持在管子里的水银柱所受的重力相等。也就是在地面上76厘米高的水银柱或10米高的水柱所受的重力和相同截面积上空气所产生的压力平衡。当年，我把76厘米高的水银柱倒入一个容器中称量，质量约为1.033千克。这就告诉我们，截面积为1平方厘米、高76厘米的水银柱的质量约为1.033千克。这也就是说，空气在每平方厘米地面上所产生的压力为1.033千克空气所受到的重力。"

托里拆利的著名水银柱实验终于使花园中的难题迎刃而解。

在驱车回家的路上,妈妈告诉齐象和齐候:"可是,当年托里拆利的实验结果传出后,却遭到了某些人的反对,他们居然不承认存在'托里拆利真空'。为了说服这些人,托里拆利又做了一个更为巧妙的实验:在一个更大一点的水银槽上面放上了许多水,然后重复做他做过的实验过程。但与以往不同的是,当管里留下76厘米高的水银柱时,他把玻璃管慢慢向上提,当管口上升到水银和水的界面以上,管里的水银一下子都流了出来,水趁势充满了全管。托里拆利这个实验有力地证明了,水银柱上部确实是真空。科学是神圣的,在这一铁的事实面前,反对派只好认输。"

"科学是神圣的。"齐象和齐候反复默念着这句至理名言。

大气的温度和湿度

大气的秘密

这天上午，妈妈领齐象和齐候到绿草茵茵的气象科普馆观测场，给他们讲大气的温度和湿度。妈妈打开一个百叶箱，边叫齐象和齐候看，边给他们讲解。

大气的温度

大气的温度简称气温，气温数值的大小，反映了大气的冷热程度。我国以摄氏度（℃）表示。天气预报中所说的气温，指在野外空气流通、不受太阳直射、在离地面1.5米高的百叶箱内测得的空气温度。最高气温是一日内气温的最高值，一般出现在14—15时；最低气温是一日内气温的最低值，一般出现在日出前。

在一年内的不同季节，气温分布是不同的。通常将当年的12月至次年的2月确定为北半球的冬季和南半球的夏季（以1月为代表），将6—8月确定为北半球的夏季和南半球的冬季（以7月为代表）。从全球平均气温分布来看，赤道地区气温高，向两极逐渐降低，这是一个基本特征。在北半球，**等温线**7月比1月稀疏。这说明1月北半球南北温度差大于7月。

百叶箱

海陆分布对气温有很大的影响,这一点,通过大规模洋流和气团的热量传输而得显示清楚。例如,大名鼎鼎的暖洋流和暖气团是墨西哥湾暖汁流和其上面的暖气团,这使位于北纬60°以北的挪威、瑞典1月平均气温达 0~15 ℃,比同纬度的亚洲及北美洲东岸气温高10~15 ℃。高大山脉能阻挡冷空气的流动,也能影响气温的分布。例如,中国的青藏高原、北美的落基山、欧洲的阿尔卑斯山均能阻挡冷空气不向南面流动。

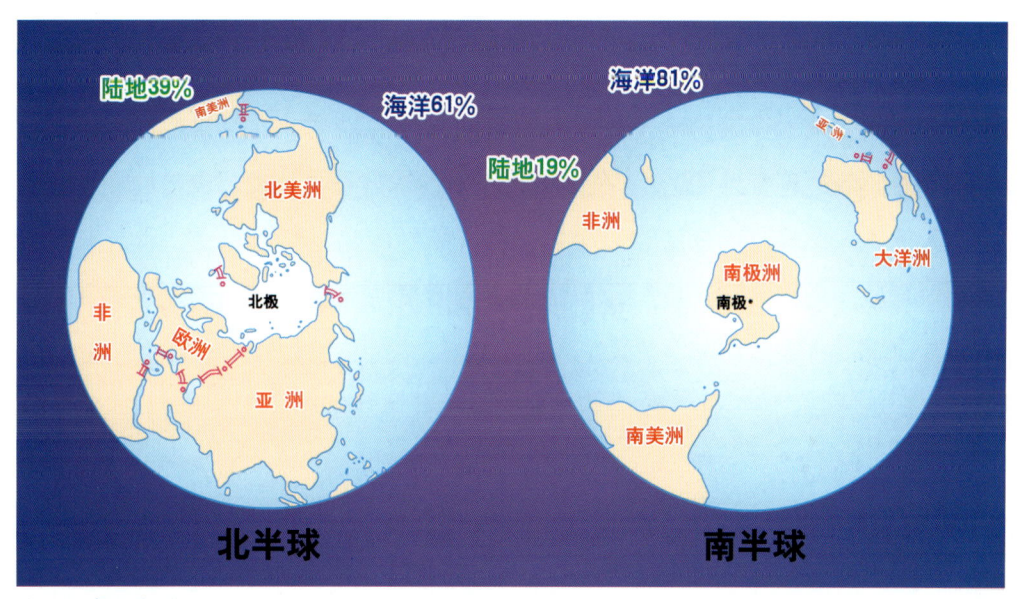

海陆分布示意图

气温的变化还时刻受着大气运动的影响,例如3月以后,中国江南正是春暖花开的时节,却常常因为冷空气的活动而有突然转冷的现象。秋季,正是秋高气爽的时节,往往也会因为暖空气的来临而突然回暖。

妈妈领齐象和齐候到科普馆展厅,对他们说:我国地域广阔,由北向南划分为寒温带、中温带、暖温带、亚热带、热带。另外,还有高原气候区。划分温度带的主要指标是**活动积温**。冬季,我国南北气温差异很大;夏季,除了青藏高原等地区,大多数地方普遍高温。

大气的湿度

妈妈叫齐象和齐候仔细观看了干湿球温度表、毛发湿度表和湿度计，给他们讲了有关知识。

表示大气中水汽多寡即干湿程度的物理量称为空气湿度。湿度的大小常用水汽压、绝对湿度、相对湿度和露点温度表示。天气预报中最常用的是相对湿度。相对湿度指空气中实际水汽压与当时气温下的饱和水汽压之比。它只是一个相对数字，没有单位。在一定的气温条件下，一定体积的空气只能容纳一定量的水汽，如果水汽量达到了空气能够容纳水汽的限度，这时的空气就达到了饱和状态，相对湿度为100%。在饱和状态下，水分不再蒸发。炎热的夏季遇到这种天气，人体分泌的汗液难以蒸发，让人感到闷热，难以忍受。秋天有时也会遇到高温，俗称"秋老虎"，但由于秋天湿度明显降低，人们浑身淌汗却很少会有"闷"的感觉。

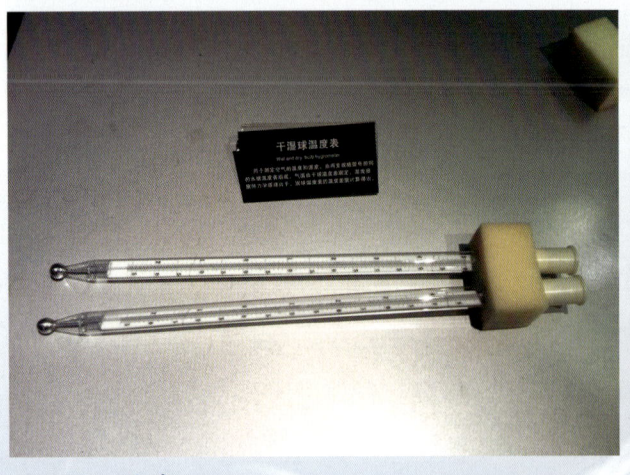

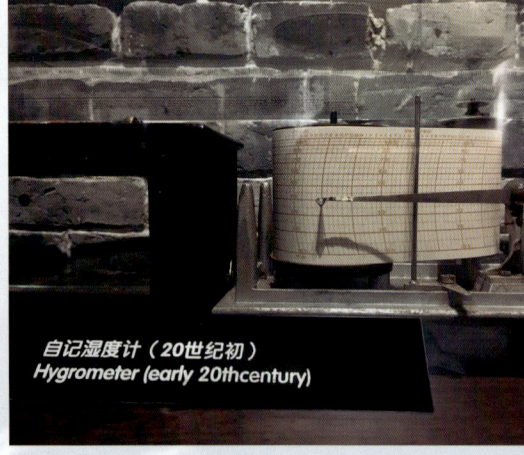

干湿球温度表　　　　　　　　　　　　自记湿度计

一般来说，相对湿度的日变化与气温的日变化相反，最大值出现在日出前后，最小值出现在14时左右。当然，当某地的天气发生突变时，湿度的这种变化规律就会被破坏。如高温低湿的午后，突然乌云翻滚，湿空气汹涌而至，当地的湿度就会迅速猛升。

相对湿度的年变化比较复杂，通常是多雨的季节湿度高，晴朗的天气湿度低。但各地的地理条件、气温条件和雨季情况差异很大，难以概括出一个具有普遍性的规律。

你们一定会注意到，当要预报一场降雨即将发生时，天气预报员常会给出一张高空天气形势预报图，图中用红色箭头表示西南暖湿气流，用蓝色箭头表示来自北方的干冷气流，并预报说这两支气流将在某地区交汇，产生强降雨。当然，这只是诸多降雨因素中的两个因素，是一种直观的图示。不过，它至少表明了两个含义：其一，大气中的暖湿气流一般来自南方，干冷气流来自北方；其二，暖湿气流是产生降雨的必不可少的基本条件。

事实上，空气中的水汽一部分来自其下垫面上江河湖泊和潮湿土壤中水分的蒸发，另一部分则来自热带地区，特别是热带洋面。我国地处亚欧大陆东南部，因此，偏南或西南气流一般携带暖湿空气，而西北气流是干冷空气的同义词。由春至夏，高温高湿的西太平洋副热带高压向北挺进，我国自南向北先后进入高温高湿的多雨季节。由秋至冬，来自西伯利亚的干冷空气步步南侵，我国又自北向南先后经历低温低湿的少雨时光。

我国大陆年平均相对湿度分布的总趋势是自东南向西北递减，山区高于平原。相对湿度的年变化，一般是内陆干燥地区冬季高于夏季；华北、东北地区春季最低，夏季高于冬季；江南各地年变化较小。

大气的秘密

妈妈领齐象和齐候到科普馆展厅，对他们说：根据干湿程度，以年降水量和年蒸发量为依据，将全国划分成4个干湿区：①湿润区：降水量大于800毫米，降水量大于蒸发量，主要分布在东南大部、东北的东北部，气候湿润，主要为森林植被。②半湿润区：降水量400～800毫米，降水量大于蒸发量，主要分布在东北平原、华北平原、黄土高原南部和青藏高原东南部，气候较湿润，主要为草原和森林植被。③半干旱区：降水量200～400毫米，降水量小于蒸发量，主要分布在内蒙古高原、黄土高原和青藏高原，大部分气候较干燥，主要为草原植被。④干旱区：降水量小于200毫米，降水量小于蒸发量，主要分布地区在新疆、内蒙古高原西部、青藏高原西北，气候干旱，主要为荒漠植被。

地球上的风

大气的秘密

这天早上,爸爸从书架上拿出一本气象出版社出版的科普书《说风》,告诉齐象和齐候:"这本书的作者是安徽科普作家金传达爷爷在20世纪80年代写的,你们要认真地读一读。结合你们地理课学过的内容,重点掌握与大气运动有关的风的知识。"

大气运动会产生许多种风,例如,全球性大气环流形成了信风、中纬西风、极地东风及季风,局部环流形成了城市风、海陆风、山谷风,还有属于气象灾害的台风、干热风、焚风等。这些风中,有的会影响一地的天气或气候,与我们的日常生活密切相关。

一周后,爸爸进行开卷考试,题目是"分别写出全球性大气环流形成的风、局部环流形成的风和属于气象灾害的风",3个小时后交卷。爸爸话音刚落,小哥俩就"刷刷刷"地答了起来。

全球大气环流形成的风

信风

信风指的是在低层大气中从副热带高压带吹向赤道低压带的风,北半球吹的是东北信风,南半球吹的是东南信风。信风经常会增加热带风暴的威力,影响大西洋、太平洋和印度洋沿岸地区。信风年年反复稳定地出现,犹如潮汐守信用,因此被称为"信风"。古代商人们也利用信风的规律性做航海贸易,因此,信风也被称作"贸易风"。400多年前,当航海探险家麦哲仑带领船队第一次越过南半球的西风带向太平洋驶去的时候,发现一个奇怪的现象:在长达几个月的航程中,大海显得非常顺从人意。开始,海面上一直徐徐吹着东南风,把船一直往西边推。后来,东南风渐渐减弱,大海变得非常平静。最后,船队

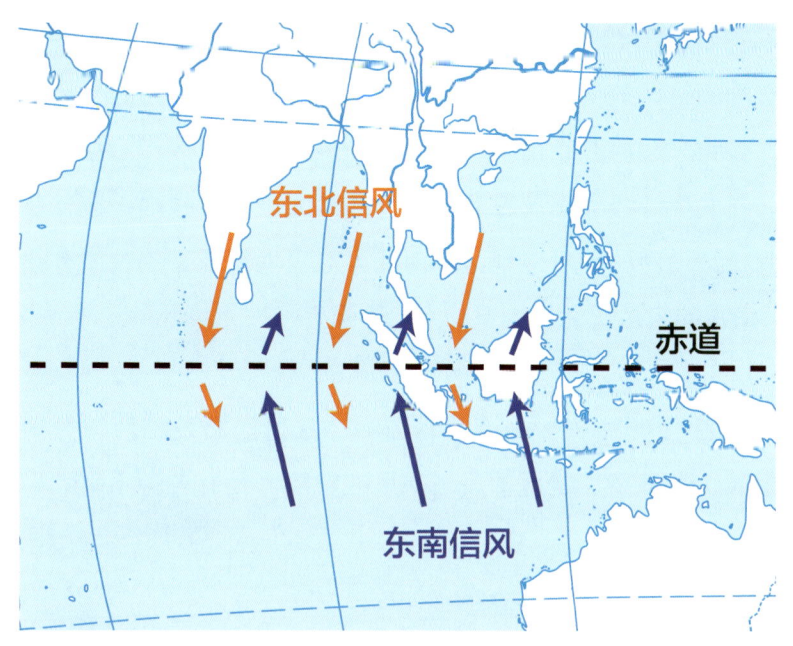

信风示意图

顺利地到达亚洲的菲律宾群岛。原来，是信风帮了他们的大忙，信风对于船只的航行有相当大的影响。

中纬西风

中纬西风又称盛行西风，由南北纬30°附近的副热带高压带流向南北纬60°附近的副极地低压带。由于地球地转偏向力的作用，中纬西风在北半球右偏为西南风，在南半球左偏为西北风，但都具有从低纬吹向高纬的趋势。对于中纬度地区大陆西岸(特别是40°~60°)来说，盛行西风能带来海上的暖湿气流，使当地气候具有显著的海洋性特点：气温日较差和年较差小，全年降水平均，冬雨较多。想一想英国侦探福尔摩斯手中的雨伞，还有冬季在泥泞中进行的英超联赛，都反映了盛行西风控制下的海洋性气候的特点。

极地东风

极地东风是从极地高空区流向低纬度的气流。由于受地转偏向力的作用，气流偏东：在北半球偏为东北风，在南半球偏为东南风。极地东风带沿纬线圈并不是连续分布的。在北半球主要出现在北大西洋和北太平洋靠极地一侧，在南半球主要分布在南极洲沿海的印度洋地区。南北半球极地东风带的性质有很大差别。一般来说，南极的东风比北极的更稳定、更强盛。

季风

北宋大诗人苏东坡在《舶棹风》一诗中写道："三时已断黄梅雨，万里初来舶棹风。"这里的"舶棹风"就是季风。季风在我国古代有各种不同的名

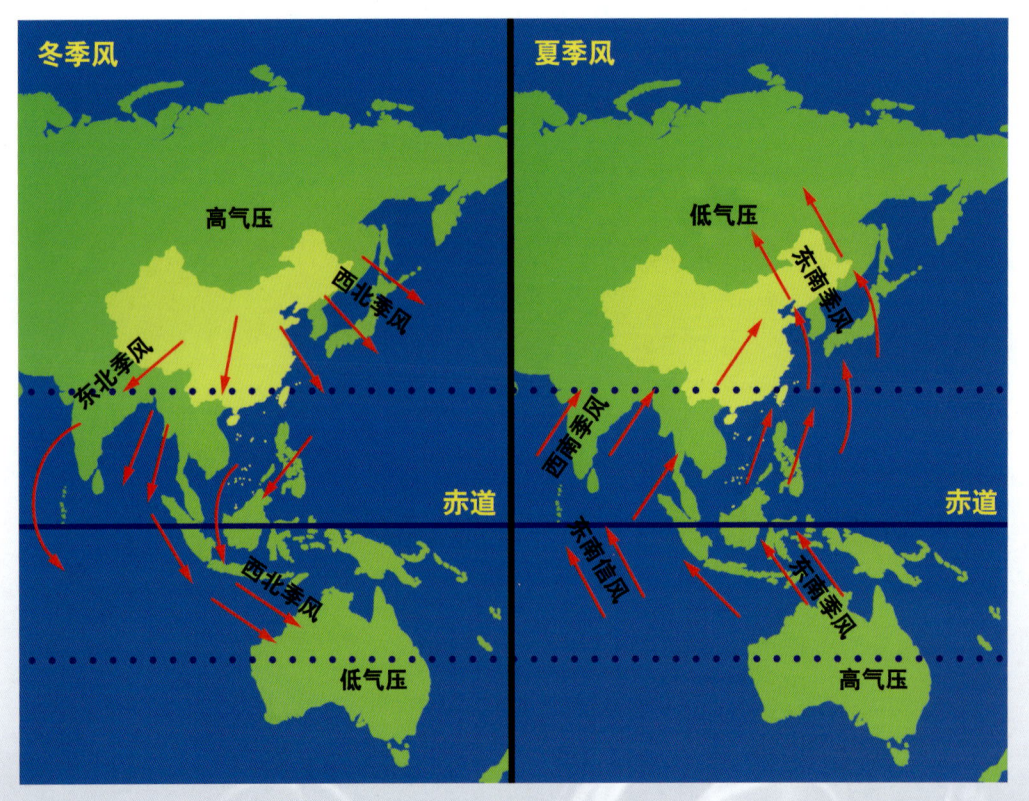

季风示意图

称，如黄雀风、落梅风，在沿海地区又叫舶风。所谓舶风即夏季从东南洋面吹至我国的东南季风。由于古代海船航行主要依靠风力，冬季的偏北季风不利于从南方来的船舶驶向大陆，只有夏季的偏南季风才能使它们到达中国海岸。因此，偏南的夏季风又被称作舶风。当东南季风到达我国长江中下游时候，这里具有地区气候特色的梅雨天气便告结束，开始了夏季的伏旱。季风现象在中国、印度及阿拉伯海沿岸一带，早在古代就已经引起人们的广泛注意。"季风"一词来源于阿拉伯语"mausim"，意思为"季节"。

对于季风，至今还没有一个完整而又简练的定义，过去只认为风向有季节变化，就是季风。于是有人就说，中国的东南部季节变化特别明显，可是就从来没有见过季风！当然，季风还是有的，只是因为受地形影响，风向的季节变化反映不出来。现在人们对季风的认识有了进步，至少有三点是公认的：第一，季风是大范围地区的盛行风向随季节改变的现象，这里强调"大范围"是因为小范围风向受地形影响很大；第二，随着风向变换，控制气团的性质也产生转变，例如，冬季风来时空气寒冷干燥，夏季风来时空气温暖潮湿；第三，随着盛行风向的变换，将带来明显的天气气候变化。季风形成的原因，主要是海陆间热力环流的季节变化。

局部环流形成的风

城市风

城市人口集中，工业发达，居民生活生产和交通消耗大量的煤、石油、天然气等燃料，释放出大量的热，因而导致城市气温高于郊区，使城市犹如一个温暖的岛屿，人们称之为"城市热岛"。由于城市热岛的存在，引起空气在城

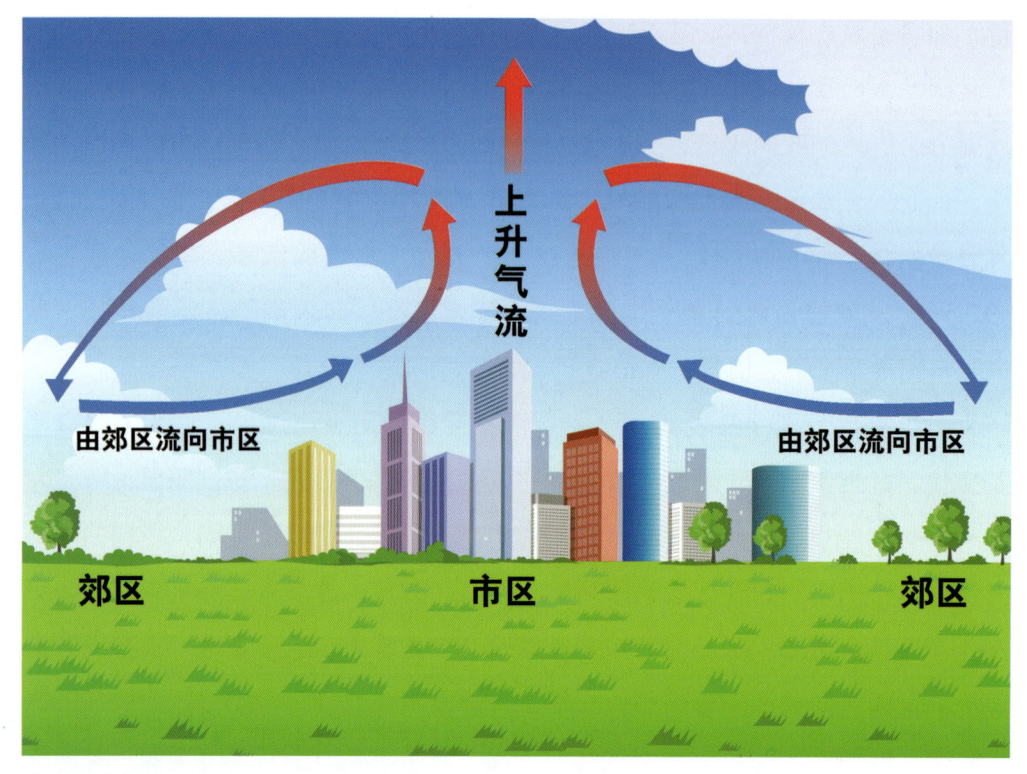

城市风示意图

市上空上升,在郊区下沉,下沉气流又从近地面流向城市中心,在城市和郊区之间形成了小型的热力环流,即为城市风。城市风环流半径内郊区的空气会被带回城市,所以在郊区应多植树造林、美化环境,以使城市风将新鲜潮湿的空气带进城市。应该严禁在城市风环流半径范围内建造污染大气的工厂。

海陆风

夏季到海滨地区旅游时不难发现,只要天气晴朗,白天风总是从海上吹向陆地;到夜里,风则从陆地吹向海上。从海上吹向陆地的风,叫做海风;从陆地吹向海上的风,称为陆风。气象上常把两者合称为海陆风。在一首叫作《军

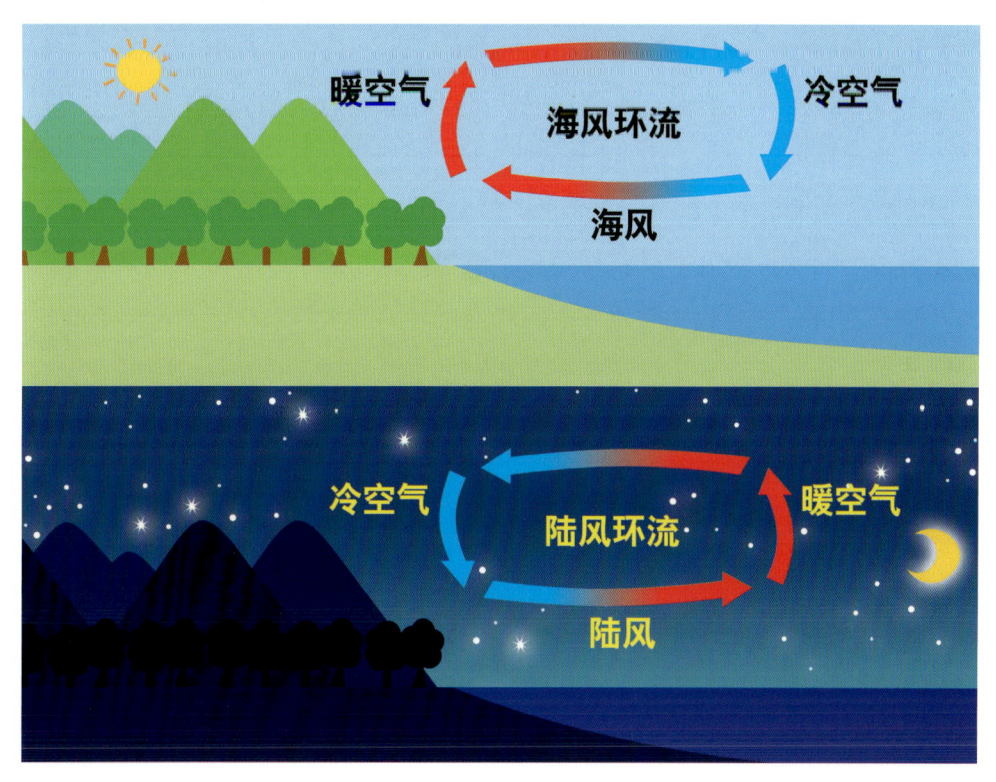

海陆风示意图

港之夜》的流行歌曲中说夜晚"海风静静地吹"显然是"颠倒黑白"了。

海陆风和季风一样,都是因为海陆分布影响所形成的周期性的风。不过海陆风是以昼夜为周期,而季风的风向却随季节变化,同时海陆风范围也比季风小。那么海陆风是如何形成的呢?

白天,陆地上空气增温迅速,而海面上气温变化很小。这样,温度低的地方空气冷而下沉,接近海面上的气压就高些;温度高的地方空气轻而上浮,陆地上的气压便低些。陆地上的空气上升到一定高度后,它上空的气压比海面上空的气压要高些。因为在下层海面气压高于陆地,在上层陆地气压又高于海洋，而空气总是从气压高的地区流到气压低的地区，所以，就在海陆交界地区出现了范围不大的垂直环流。陆地上空气上升，到达一定高度后，从上空流向海洋；在海洋上空，空气下沉，到达海面后，转而流向陆地。这支在下层从海面流向陆地，方向差不多垂直海岸的风，便是海风。

夜间，情况变得恰恰相反：陆地上，空气很快冷却，气压升高；海面降温比较迟缓(同时深处较温暖的海水和表面降温之后的海水可以交流混合)，因此，比起陆面来仍要温暖得多，这时海面是相对的低气压区。但到一定高度之后，海面气压又高于陆地。因此，在下层的空气从陆地流向海上，在上层的空气便从海上流向陆地。在这种情况下，整个垂直环流的流动方向，也变得和前面海风里的垂直环流完全相反了。在这个完整的垂直环流的下层，从陆地流向海洋，方向大致垂直海岸的气流，便是陆风。

海风登陆带来水汽，使陆地上湿度增大，温度明显降低，甚至形成低云和雾。夏季沿海地区比内陆凉爽，冬季比内陆温和，这和海风有关。所以海风可以调节沿海地区的气候。

山谷风

住在山区的人都熟悉，白天风从山谷吹向山坡，这种风叫谷风；到夜晚，风从山坡吹向山谷，这种风称山风。山风和谷风总称为山谷风。

山谷风的形成原理跟海陆风类似。白天，山坡接受太阳辐射较多，成为一只小小的"加热炉"，空气增温较多；而山谷上空，同高度上的空气因离地较远，增温较少。于是山坡上的暖空气不断上升，并在上层从山坡流向谷底，谷底的空气则沿山坡向山顶补充，这样便在山坡与山谷之间形成一个热力环流。下层风由谷底吹向山坡，称为谷风。到了夜间，山坡上的空气受山坡辐射冷却影响，"加热炉"变成了"冷却器"，空气降温较多；而谷底上空，同高度的空气因离地面较远，降温较少。于是山坡上的冷空气因密度大，顺山坡流入谷底，谷底的空气因汇合而上升，并从上面向山顶上空流去，形成与白天相反的热力环流。下层风由山坡吹向谷底，称为山风。

　　谷风的平均速度为2～4米/秒，有时可达10米/秒。谷风通过山隘的时候，风速加大。山风比谷风风速小一些，但在峡谷中，风力加强，有时会吹损谷底的农作物。谷风所达厚度一般为谷底以上500～1000米，这一厚度还随气层不稳定程度的增加而增大。因此，一天之中，以午后的伸展厚度为最大。山风厚度比较薄，通常只有300米左右。

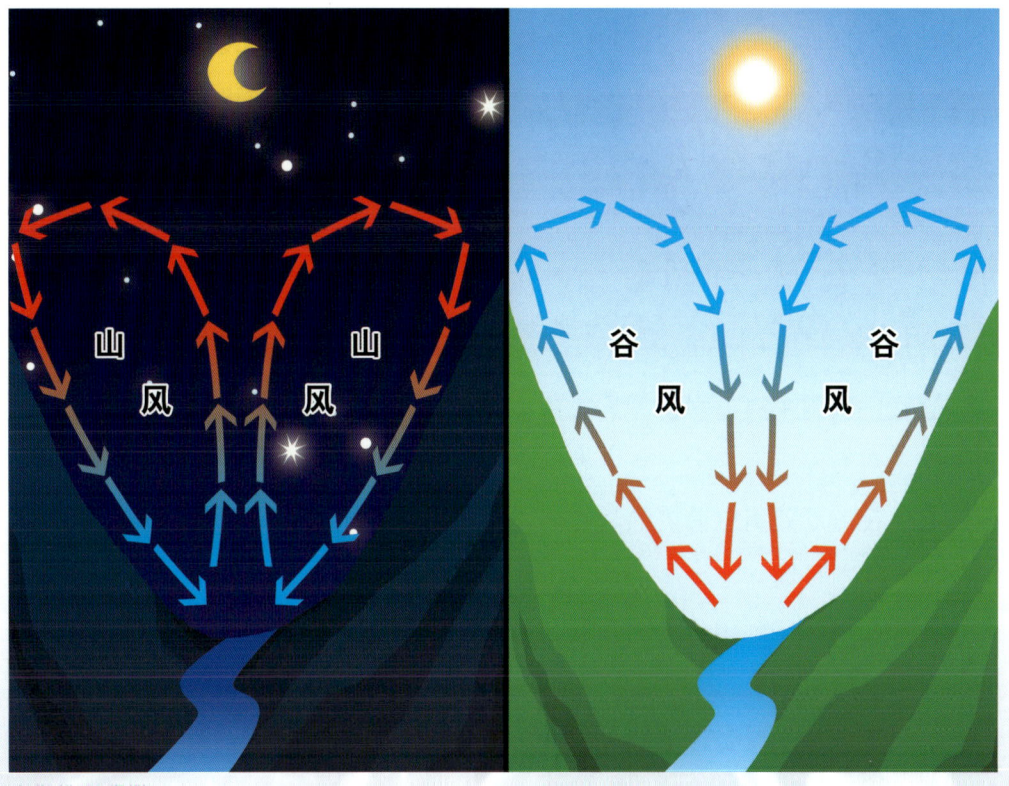

山谷风示意图

在晴朗的白天，谷风把温暖的空气向山上输送，使山上气温升高，促使山前坡岗区的农作物和果树早发芽、早开花、早结果、早成熟；冬季可减少寒意。谷风把谷底的水汽带到上方，使山上空气湿度增加，谷底的空气湿度减小，这种现象，在中午几小时内特别显著。如果空气中有足够的水汽，夏季谷风常常会凝云致雨，这对山区树木和农作物的生长很有利；夜晚，山风把水汽从山上带入谷底，因而山上的空气湿度减小，谷底空气湿度增加。在生长季节里，山风能降低温度，对植物体营养物质的积累，块根、块茎植物的生长膨大很有好处。

山谷风还可以把清新的空气输送到城区和工厂区，把烟尘和漂浮在空气中的化学物质带走，有利于改善和保护环境。工厂的布局和建设要考虑风向规律性变化的问题。山谷风风向变化有规律，风力也比较稳定，可以当作一种动力资源来研究和利用，发挥其有利方面，控制其不利方面。

属于气象灾害的风

台风

当我们看到中央电视台《天气预报》节目的电视画面时，有时会看到在我国东南沿海海面以及更远一点的太平洋洋面上有呈螺旋状近圆形的白色云区出现，它像在流动江河中前进的涡旋一样，一边绕自己的中心急速旋转，一边随周围大气向前移动。这就是台风。在北半球，台风中的气流绕中心呈逆时针方向旋转，在南半球则相反。越靠近台风中心，气压越低，风力越大。但发展强烈的台风，其中心却是一片风平浪静的晴空区，这就是"台风眼"。

台风与飓风都属较强的热带气旋，只是称呼不同。西北太平洋和南海海域出现的被称为台风，在北大西洋、加勒比海、东北太平洋等海域出现的则被称为飓风。

地球上的风 —— 065

卫星云图中的台风

大气的秘密

风暴潮

　　台风是最具破坏力的天气系统之一,是名副其实的"第一杀手"。据世界气象组织有关专家统计,威胁人类生存的十大自然灾害有台风、地震、洪水、雷暴和龙卷、雪暴、雪崩、火山爆发、高温热浪、山体滑波(泥石流)、海啸,而在这10种自然灾害中,台风是造成死亡人数最多的,尤其在亚洲。曾有科学家对台风所蕴含的能量进行估算,一个发展成熟的中等强度的台风所蕴含的能量相当于20颗百万吨当量的原子弹爆炸所释放的能量。台风如此巨大的能量,在登陆沿海地区时,主要通过狂风、暴雨、风暴潮释放出来,且往往是三种方式同时发生,很容易导致巨大的灾害。

台风一旦登陆，其携带的狂风可以吹倒建筑物，摧毁电信、电力设施，拔起大树，造成人畜伤亡。台风登陆时多与天文大潮期重合，结果在天文潮高潮、风暴潮和短周期波浪的综合影响下，导致沿海海岸潮水暴涨，引起风暴潮甚至海啸，造成海堤决口、海水倒灌等灾害。风暴潮产生的潮流和巨浪相结合，不仅可以迅速席卷内陆地区，摧毁建筑、淹没农田、切断人们逃生路线，而且会颠覆狭窄港口中的船只，甚至造成巨大的洪灾。台风登陆时伴随的暴雨可导致局部洪涝以及诱发泥石流或山体滑坡等地质灾害。此外，台风登陆后深入内陆，即使强度减弱为低气压，但若与北方南下的冷空气相遇，仍然会在内陆地区引发暴雨、大暴雨、特大暴雨等强降雨，从而引起山洪暴发，造成局部地区发生内涝、泥石流、山体滑坡等严重灾害。

当然，台风也有有益的一面。台风带来丰沛的降水，往往是我国南方沿海一些省份不可或缺的水利资源。

干热风

在初夏季节，我国一些地区经常会出现一种高温、低湿的风，这就是干热风，也叫"热风""火风""干旱风"等。它是一种持续时间较短（一般3天左右）的特定的天气现象。

由于各地自然特点不同，干热风成因也不同。每年初夏，我国内陆地区气候炎热，雨水稀少，增温强烈，气压迅速降低，形成一个势力很强的大陆热低压。在这个热低压周围，气压梯度随着气团温度的增加而加大，于是干热的气流就围着热低压旋转起来，形成一股又干又热的风，这就是干热风。强烈的干热风对当地小麦、棉花、瓜果等可造成危害。干热风常发生的初夏时节，正是我国北方小麦灌浆时期，碰上干热风，麦穗会被烤得不能灌浆，提前"枯熟"，麦粒干瘪，粒重下降，导致严重减产。

轻度干热风

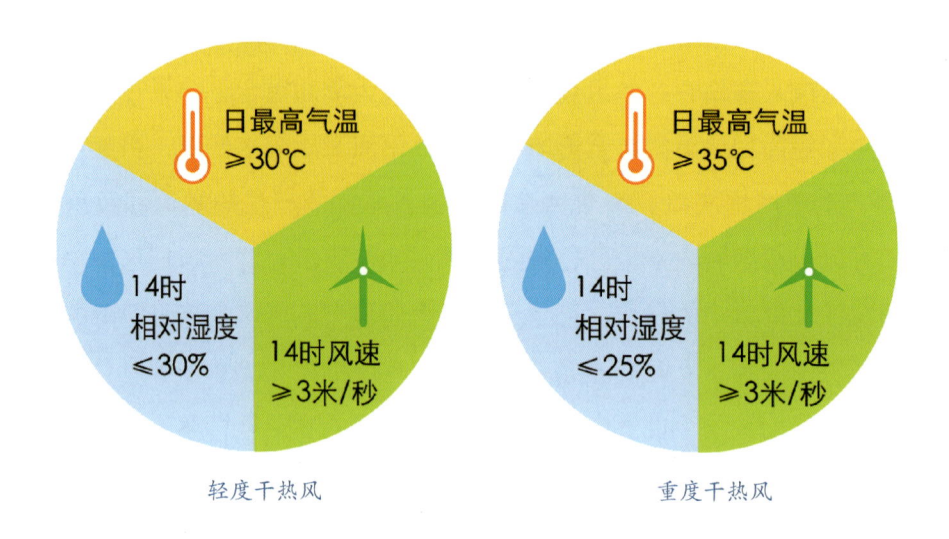

- 日最高气温 ≥30℃
- 14时相对湿度 ≤30%
- 14时风速 ≥3米/秒

重度干热风

- 日最高气温 ≥35℃
- 14时相对湿度 ≤25%
- 14时风速 ≥3米/秒

干热风的危害程度还与干热风出现前几天的天气状况有关。如雨后骤晴，紧接着出现高温低湿的燥热天气，危害较重。在干热风发生前如稍有降水，对于减轻干热风危害是有利的。从播种时间的早晚来看，晚麦容易受害。所以农谚说："早谷晚麦，十年九坏。"从农时来看，小满、芒种是一关，农谚有"小满不满，麦有一险"的说法。就是说，小麦在小满时还没有灌浆乳熟，是容易受到干热风危害的。

焚风

焚风的英文名称直接借用其德文源词，最早是指气流越过阿尔卑斯山后在德国、奥地利和瑞士山谷的一种热而干燥的风。实际上在世界其他地区也有焚风，如北美的落基山、中亚西亚山地、高加索山、中国新疆吐鲁番盆地及太行山东麓。在北美洲西部，人们将焚风称为"钦诺克风"，意指使积雪迅速消失的"食雪者"。

地球上的风　069

焚风示意图

　　一般来说，空气流动遇山受阻时会出现爬坡或绕流。气流在迎风坡上升时，温度会随之降低。空气上升到一定高度时，水汽遇冷出现凝结，以雨雪形式降落。空气到达山脊附近后，变得干燥，然后在背风坡一侧顺坡下降，并因干绝热过程增温。因此，空气沿着高山峻岭沉降到山麓的时候，气温常有大幅度升高。

　　2002年11月14日夜间，焚风风暴袭击了奥地利西部和南部部分地区。数百栋民房屋顶被风刮跑或被刮倒的大树压垮，风暴把300公顷森林的大树连根拔起或折断。风暴还造成一些地区电力供应和电话通信中断，公路铁路交通受阻。法新社报道说，截至2002年11月18日，焚风已造成2人丧生、数百万欧元的经济损失。焚风可能引起严重的自然灾害。它常造成农作物和林木干枯，也易引起森林火灾，遇特定地形，还会引起局地风灾，造成人员伤亡和经济损失。焚风在高山地区还会造成融雪，使上游河谷洪水泛滥，有时还会导致雪崩。此外，医学气象学家认为，焚风天气出现时，相当一部分人会出现不舒适的症状，如疲倦、抑郁、头痛、脾气暴躁、心悸和浮肿等。这些症状是由焚风的干热特性以及大气电特性的变化对人体的影响引起的。

当然，焚风也有好的一面。由于它能加速冬季积雪的融化，因此，对于牧民户外放牧非常有利。此外，如果焚风来得及时，还可为当地庄稼的成熟提供热源，如瑞士一些地区，像罗纳河谷上游的玉米和葡萄，就是靠焚风带来的热量而成熟的。

没到3小时，小哥俩就都交卷了。看到那像教案一样的答卷，爸爸满意地点了点头。

大气运动与天气气候

大气的秘密 —— 072

妈妈是北京大学地球物理系毕业的博士生，对大气运动理论研究有很深的造诣。她口才很好，经常给青少年做气象科普报告，讲起课来很吸引人。

影响大气环流的因素

影响大气环流的因素主要有太阳辐射、地球自转、地表性质和地面摩擦。

先说说太阳辐射。大气运动需要能量，而能量几乎都来源于太阳辐射的转化。大气不仅吸收太阳辐射、地面辐射和地球给予大气的其他类型能量，同时大气本身也向外辐射能量。然而这种吸收和辐射的差额在大气中的分布是很不均匀的，沿纬圈平均在南纬35°至北纬35°是辐射差额的正值区，即净得能量区。由南纬35°向南和由北纬35°向北是辐射差额的负值区，即净失能量区。

这样，自赤道向两极形成了辐射梯度，并以中纬度地区净辐射梯度最大。净辐射梯度使大气中出现了有效位能，形成了显著的温度梯度。大气环流使高低纬度间不同温度的空气得以交换，并把低纬度的净收入热量向高纬度输送，以补偿高纬度热量的净支出，从而维持了纬度间的热量平衡。因此，太阳辐射对大气系统加热不均是大气产生大规模运动的根本原因。

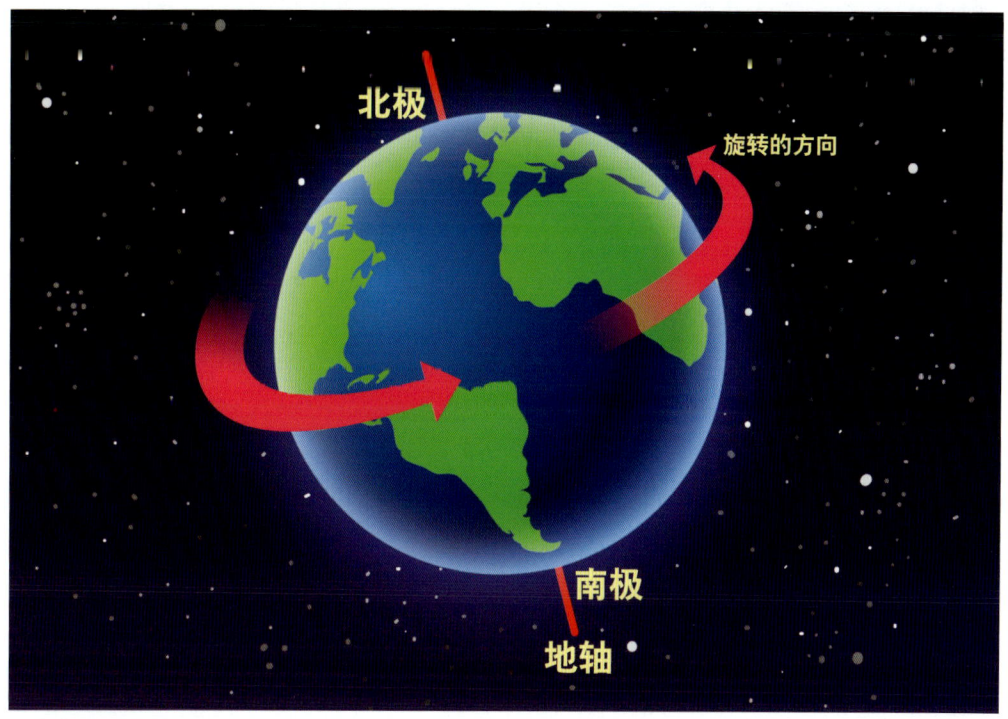

地球自转示意图

接下来说说地球自转。大气是在自转的地球上运动着的,地球自转产生的偏向力叫科里奥利力(下简称"科氏力"),是以最先研究它的法国数学家科里奥利的名字命名的。它是一种惯性力,宇宙中任何一个星球只要自转,就会存在科氏力。

科氏力迫使空气运动的方向偏离气压梯度力方向。在北半球,气流向右偏转,结果使直接热力环流圈中自极地低空流向赤道的气流偏转成东风,而不能径直到达赤道;同样,自赤道高空流向极地的气流,随纬度增高,偏转程度增大,逐渐变成与纬圈相平行的西风。可见,在科氏力的作用下,理想的单一的经圈环流,既不能生成也难以维持,因而形成了几乎遍及全球(赤道地区除外）的纬向环流。看来，地球自转是全球大气环流形成和维持的重要因子。

再说说地表性质。地球表面有广阔的海洋、大片的陆地，陆地上又有高山峻岭、低地平原、广大沙漠及极地冷源，因此是一个性质不均匀的复杂的下垫面。从对大气环流的影响来说，海陆间热力性质的差异所造成的冷热源分布和山脉的机械阻滞作用，都是重要的热力和动力因素。

海洋与陆地的热力性质有很大差异。夏季，陆地上形成相对热源，海洋上成为相对冷源；冬季，陆地成为相对冷源，海洋却成为相对热源。这种冷热源分布直接影响到海陆间的气压分布，使完整的纬向气压带分裂成一个个闭合的高压和低压。同时，冬夏海陆间的热力差异引起的气压梯度驱动着海陆间的大气流动，这种随季节而转换的环流是季风形成的重要因素。

如果地形过于高大或气流比较浅薄，则运动气流往往不能爬越高大地形，而在山地迎风面发生绕流或分支现象，在背风面发生气流汇合现象。地形对大气的热力变化也有影响，比如青藏高原相对于四周自由大气来说，夏季时高原是热源，冬季时是冷源，这种热力效应对南亚和东亚季风环流的形成、发展和维持有重要影响。可见，海陆和地形的共同作用，不仅使低层大气环流变得复

杂，而且也使中高层大气环流变得复杂。

最后说说地面摩擦。大气在自转地球上运动着，与地球表面产生着相对运动。相对运动产生摩擦，而摩擦作用和山脉作用使空气与转动地球之间产生了"角动量"。角动量在风带中的产生、损耗，以及在风带间的输送、平衡，对大气环流的形成和维持具有重要作用。可见，地面摩擦是大气环流中纬向环流与经圈环流形成和维持的重要因素。

当然，大气环流的形成和维持，除以上因子外，还同大气本身的特殊性质有关。

大气环流面面观

妈妈问齐象和齐候："你们能说出'大气环流'的定义吗？"

小哥俩你一言我一语地抢着回答："大气环流一般是指全球性的、有规律的大气运动现象，既包括平均状态，也包括瞬时状态。其水平尺度在数千千米以上，垂直尺度在10千米以上，时间尺度在数天以上。某一大范围的地区（如欧亚地区、半球、全球）、某一大气层次（如对流层、平流层、中层、整个大气圈）在一个长时期（如月、季、年、多年）的大气运动的平均状态或某一个时段（如一周、梅雨期间）的大气运动的变化过程都可以称为大气环流。"

妈妈说："很对！大气环流通常包含平均纬向环流、平均水平环流和平均径圈环流3部分。"

平均纬向环流指大气盛行的以极地为中心并绕其旋转的纬向气流，这是大气环流的最基本的状态。就对流层平均纬向环流而言，低纬度地区盛行东风，被称为东风带（由于地球的旋转，北半球多为东北信风，南半球多为东南信风，故又被称为信风带）；中高纬度地区盛行西风，被称为西风带（其强度随高度增大，在对流层顶附近达到极大值，被称为西风急流）；极地还有浅薄的弱东风，被称为极地东风带。

平均水平环流指在中高纬度的水平面上盛行的叠加在平均纬向环流上的波状气流（又被称为平均槽脊），通常北半球冬季为3个波，夏季为4个波，3波与4波之间的转换表征季节变化。

平均径圈环流指在南北一垂直方向的剖面上，由大气经向运动和垂直运动所构成的运动状态。通常，对流层的径圈环流存在3个圈：低纬度是正环流或直接环流，又称为哈得来环流；中纬度是反环流或间接环流，又称为费雷尔环流；极地是弱的正环流。

研究大气环流的特征及其形成、维持、变化和作用，掌握其演变规律，不仅是人类认识自然的不可少的重要组成部分，而且还将有利于改进和提高天气预报的准确率，有利于探索全球气候变化，更有效地利用气候资源。

大气环流形成了气压带和风带

妈妈说："你们在小学的科学课就学过，地球上有许多气压带和风带。气压带、风带的形成是全球性大气环流的结果。地球上不同纬度地区所得到的太阳辐射是不同的，因而气温的高低也随纬度而变化，同时气压也跟着变化。辐射越强，气温越高；辐射越弱，气温越低。纬度越低，气温越高；纬度越高，气温越低。气温越低，气压越高；气温越高，气压越低。大气总是由气压高的地方向气压低的地方运动，从而在地球上形成不同的气压带和风带。"

讲到这里，妈妈想考一考小哥俩："地球上的水平气压带有7个，它们是哪7个？谁来回答？"齐象排行老大，所以他先举手回答：

"2个极地高压带，分布在北极和南极极区。是空气受冷收缩、积聚，而高空气流辐合、质量增多，在低空形成高压带。冬季强度增大，范围扩展；夏季势力减弱，范围收缩。

"2个副极地低压带，分布在南北纬60°及其两侧，各约5°。是由来自副热带高气压带的热空气向北移动，来自极地高气压带的冷空气南下(北半球)，两者相遇，热空气被迫抬升，在地面形成的低压带。

"2个副热带高压带，分布在南北纬20°～30°。是自低纬高空向极地流动的气流在科氏力作用下发生质量辐合而形成的。它随季节南、北移动达几十个纬度，活动范围约占地球的一半，是对大气环流影响最大的气压带。

"1个赤道低压带，分布在赤道附近。由于终年高温，空气受热膨胀上升，到高空向两侧外流，引起气柱质量减少，在低空形成的低压带。"

妈妈说："回答正确！气压带可随太阳直射点位置的变化而南北平移。就北半球而言，气压带的位置大致是夏季偏北，冬季偏南。上下移动各约5°。由于大气环流的规律性，使得地球上气压带、风带的分布具有明显的规律性。从全球看，气压带与风带是相间分布的，即2个气压带之间必定存在1个风带，风向总是由高压指向低压。地球上的风带有6个，它们是哪6个？"

齐候举手回答："2个极地东风带、2个中纬西风带、2个低纬信风带。南北半球各3个。"

妈妈说："回答正确！这样，在气压梯度力和科氏力的共同作用下，风的运动方向不是直直地由高压指向低压，而是在北半球发生了右偏，南半球发生了左偏。"

妈妈把地球上气压带、风带分布图留给小哥俩，叫他们巩固一下刚刚回答的问题。

大气的秘密　　078

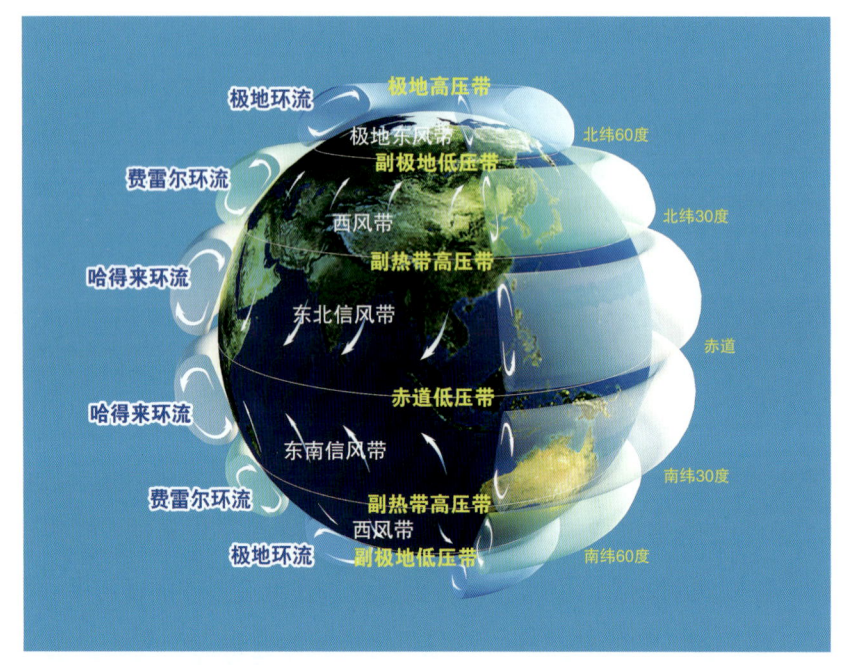

环流气压带和风带示意图

大气环流对气候的影响

妈妈说："大气环流对气候有很大的影响。我们前面说过，在高纬与低纬之间、海洋与陆地之间，由于冷热不均出现气压差异，在气压梯度力和科氏力的作用下，形成了地球上的大气环流。大气环流引导着不同性质的气团、锋、气旋和反气旋的产生和移动，对气候的形成有着重要的意义。

"例如，常年受低压控制、以上升气流占优势的赤道带，降水充沛，森林茂密；相反，受高压控制、以下沉气流占优势的副热带，降水稀少，形成沙漠。来自高纬或内陆的气团寒冷干燥，来自低纬或海洋的气团温和湿润。一个地区在一年里受两种性质不同的气团控制，气候便有明显的季节变化。如我国大部分地区冬季寒冷干燥，夏季炎热多雨，就是受极地大陆气团和热带海洋气团冬夏交替控制的结果。从全球来讲，大气环流在高低纬之间、海陆之间进行着大量的热量和水分输送。在经向方向的热量输送上，大气环流输送的热量约占80%。

"在大气环流和洋流的共同作用下，使热带温度降低了7～13 ℃，中纬度温度则有所升高，北纬60°以北的高纬地区竟升高达20 ℃。

"在不同的大气环流控制下就会有不同的气候；即使同一环流系统，如果环流的强度发生改变，它所控制的地区的气候也将发生改变。如果环流出现异常情况，气候也将出现异常。由于环流异常，就必然引起气压场、温度场、湿度场和其他气象要素值出现明显的偏差，从而导致降水和冷暖的异常，出现旱涝和持续严寒等气候异常情况。例如，1972年是历史上天气最异常的年份之一。"

齐象说："书上说这年2月，强烈暴风雪袭击了伊朗南部，在阿尔达坎地区许多村庄被埋在8米深的大雪之下；3—5月，美国中北部和欧洲地中海沿岸各国先后遭到强大的风、雨、雪袭击，而在中东和近东地区几乎同时也发生了数次暴风雪并伴有强烈的低温、冻害；5—6月，印度酷热，最高气温超过50 ℃，中国香港发生了百年难遇的特大暴雨；7—8月，北冰洋上漂浮着一眼望不到头的大冰山，比常年同期多出4倍。苏联部分地区连续近两个月出现酷热少雨天气，引起泥炭地层自焚及森林着火，而西欧地区却连续低温，致使英国伦敦出现了1972年夏至日最高气温比1971年冬至日气温还低的特异现象。"

齐候补充说："秋季，亚欧东部地区普遍低温，使初霜提早；冬季，西北欧的瑞典出现了200年来少见的暖冬。苏联也出现了异常暖冬，莫斯科郊区的蘑菇竟能在冬季破土而出，列宁格勒（现称圣彼得堡）下了百年未见的冬季雷雨。在西非、印度及苏联部分地区，几乎出现了全年连续干旱的严重旱情。西非人民和牲畜的饮水都成了问题。在我国，由于欧洲和亚洲西部阻塞天气形势持久稳定，冷暖空气在我国交绥机会少，以致我国北方和南方的部分地区汛期少雨，干旱严重。"

妈妈说："你们补充得非常好！由此可知，在大气环流异常的情况下，可能在某一地区发生干旱，而在另一地区发生洪涝，或者某一地区奇热，而另一地区异冷。

"大气环流不仅通过环流的纬向分布影响气候的纬度地带性，而且还通过热量和水分的输送扩大海陆和地形等因子的影响范围，破坏气候的纬度地带性。当环流形势趋向于长期的平均状况时，气候也是正常的；当环流形势在个别年份或个别季节内出现异常时，就会直接影响该时期的天气和气候，使之出现异常。"

大气与地球生命

大气的秘密

爸爸妈妈虽然说是休年假，给小哥俩讲授气象科普知识，可是暑假正赶上是汛期，爸爸妈妈又都是单位的业务骨干，所以他俩只好忙里偷闲，轮流陪陪两个孩子。这不，爸爸好久未露面了，今天总算"出场"了。

爸爸说："这节课我给你们讲讲大气与地球生命的关系，有三部分内容：生命的出现离不开大气、大气质量与人的生存、假如地球没有大气。"

生命的出现离不开大气

对于生命的起源，有许多假说，例如，生命起源的自然发生说、生命起源的化学起源说、生命起源的宇宙生命论(或泛生说)、生命起源的热泉生态系统说等。其中，生命起源的自然发生说和生命起源的化学起源说都直接或间接地说出了生命的出现离不开大气。

生命的出现离不开大气，道理其实很简单：要想有生命，就必须要有核糖核酸，因为核糖核酸在蛋白质合成中起重要作用，蛋白质的主要作用是促进生命生长发育和新陈代谢。那么，核糖核酸又从哪里来呢？早期，海水中不可能有，泥土中也不可能凭空产生。然而，大气则不同，它的形成比较早，而且，它的变化也是非常大的，随着大气的巨大变化，特别是雷电的发生，给了生命最初的原始物质的合成创造了条件，这些生命的原始物质不管是漂浮于大气之中，还是散落于泥土之上，或者是流入了大海，在适宜的条件下，再次在大气的雷电作用下，就有可能产生核糖核酸。而核糖核酸产生后，就有可能形成早期生命。

大气质量与人的生存

洁净大气是人类得以生存的必要条件之一，一个人每天要呼吸2万多次，每天至少要与环境交换1万多升气体，每天需要吸入10～12立方米的空气。一个人在几天内不吃饭或不喝水还能维持生命，但超过5分钟不呼吸空气，便会死亡。

大气有一定的自我净化能力，由自然过程等进入大气的污染物，通过大气自我净化过程从大气中移除，从而维持了洁净大气成分的动态平衡。

但是，随着工业及交通运输业的不断发展，大量有害物质被排放到空气中，改变了空气的正常组成，使空气质量变差。大气中的污染物（工业生产的排放，车辆、船舶的尾气，秸秆焚烧，地面扬尘等）对人体健康的危害极大。当我们生活在受到污染的空气之中，吸入污染空气，皮肤表面接触污染空气，摄入含大气污染物的食物，除可引起呼吸道和肺部疾病外，还可对心血管系统、肝脏等产生危害，严重的可夺去人的生命。

科学家对某市的调查表明：该市在马路上工作的交警，咽炎发病率为32%，肺结核发病率为17%；而园林工人咽炎发病率仅为12%，很少有人得肺结核。对该市7500名小学生鼻炎发病率的调查发现，居住在工业区的小学生发病率为34%，而居住在一般居民区和机关所在地的小学生发病率为11%。

根据国家环境保护标准，我国空气质量分为6级。它是将一系列复杂的空气监测数据按一定方法处理后，算出其空气质量指数，然后再确定其空气质量指数级别。具体标准如下：当空气质量指数达0～50时为一级，51～100时为二级，101～150时为三级，151～200时为四级，201～300时为五级，300以上时为六级。其中一级为优，二级为良，三级属于轻度污染，四级属于中度污染，五级属于重度污染，六级属于严重污染。

2012年2月,国务院发布新修订的《环境空气质量标准》,增加了PM$_{2.5}$监测指标。PM$_{2.5}$是指大气中直径小于或等于2.5微米的颗粒物,也被称为细颗粒物。PM$_{2.5}$指标表示每立方米空气中这种颗粒的含量,这个值越高,就代表空气污染越严重。

国际社会高度重视空气质量问题。世界气象组织在2009年曾把世界气象日的主题定为"天气、气候和我们呼吸的空气",就是为了倡导人们关注空气质量,从自身做起,减少污染大气环境的行为。

假如地球没有大气

人类作为生物圈的特殊组成部分,生活在大气圈的最底层,与大气的对流层关系最为密切。随着人类文明的不断发展,大气的任何部分都直接或间接地对人类的生产和生活产生影响。可以说,人类离不开大气,大气也正经受着人类越来越大的影响。

过去人们认为地球大气的成分是很简单的,直到19世纪末才知道地球大气是由多种气体组成的混合体,并含有水汽和部分杂质。其中对人类活动有影响的大气成分主要是氧气、氮气、二氧化碳和臭氧。

假如地球上没有大气,我们的地球上将没有一丝生机,那实在是一件十分可怕的事情:离开大气圈,人会全身崩裂而死;离开大气中的氧气,人会窒息而死;离开大气层的温室效应,地球昼夜温差非常悬殊,人无法适应;离开大气层的屏障,人会被宇宙射线和紫外线杀死;……

假如地球上没有大气,那么地球就与其他七大行星以及月球有很多相似的地方,人类和其他生物也就不复存在。以地球的近邻水星、金星、火星和月球为例,看看它们某些"致命"特征:水星上既无空气又无水,昼夜温差非常悬

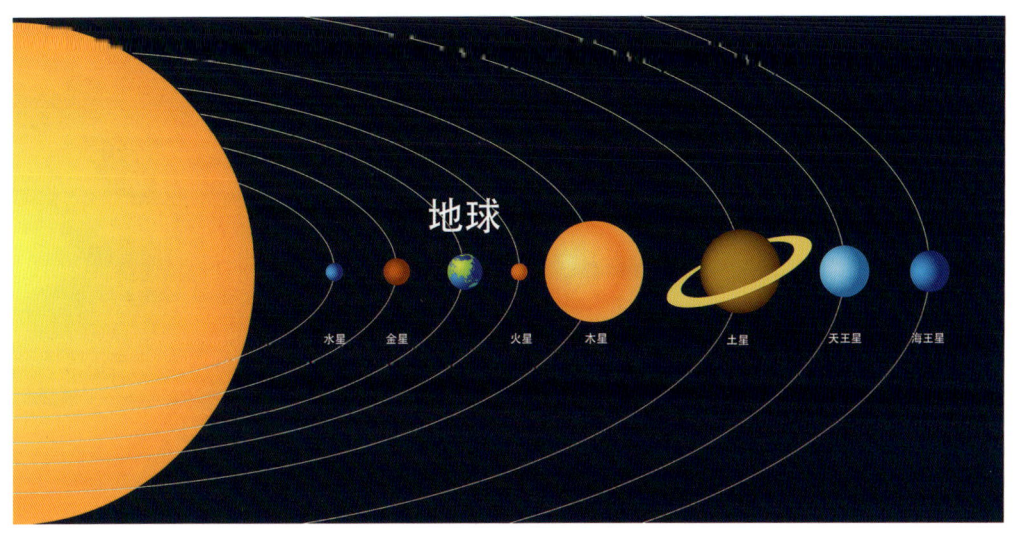

太阳系示意图

殊，最热时达到427 ℃，最冷时则有-173 ℃。由于没有大气遮挡，水星上的阳光比地球赤道的阳光强6倍，不要说人，就是一些熔点较低的金属也会被熔化。

金星表面的温度最高达447 ℃，这是金星上温室效应极强的结果。金星的大气密度是地球大气的100倍，而且大气97%以上是"保温气体"——二氧化碳；同时，金星大气中还有一层厚达20～30千米的由浓硫酸组成的浓云。二氧化碳和浓云只许太阳光通过，却不让热量透过云层散发到宇宙空间。被封闭起来的太阳辐射使金星表面变得越来越热。温室效应使金星表面温度非常之高，且基本上没有地区、季节、昼夜的差别。它还造成金星上的气压很高，约为地球的90倍。生物根本无法生存。

火星上的大气稀薄而干燥，所以它的昼夜温差很大，远远大于地球上的昼夜温差。火星表面温度低、压力小，使其大气中的二氧化碳大致呈饱和状态，只要气温稍一降低，二氧化碳就会凝结。火星大气中的水汽极少，与我们地球大气中水汽含量相比，水量显得微不足道。

大气的秘密 —— 086

传说中的嫦娥

最后再看看月球。由于月球上没有大气,再加上月球表面物质的热容量和导热率又很低,因而月球表面昼夜的温差很大。白天,在阳光垂直照射的地方温度高达127 ℃;夜晚,温度可降低到−183 ℃。因此,嫦娥、吴刚、玉兔以及桂花树只能存在于神话中。

总之,假如地球上没有大气,也就没有了我们。

人类生活在大气中,时刻受大气这件地球的"外衣"所影响。同时,人类本身也在不断地影响和改变着大气。人类对大气的影响主要表现在对大气成分的改变上,当人类活动使某些有害物质进入大气,并且危害人们的健康、生命、财产以及生态系统时,大气污染就产生了。

大气保护了人类,人类不可须臾离开大气。人类不仅要认识大气、利用大气,更要学会珍惜大气,保护地球的"外衣"。

人类活动对大气的影响

这天，爸爸带领齐象和齐候来到市环保科普馆。李博士是爸爸大学的校友，爸爸事先得知李博士今天应邀给《都市环境报》的特约小记者讲人类活动对大气的影响方面的科普知识，所以就带两个孩子"借光"来听。

李博士开门见山，指着一块块声光电展板，非常熟练地讲了起来。

地球自形成到现代，经历了原始大气、次生大气和现在大气三个阶段。但现在大气的成分也不是永不再变的，它将随着今后自然条件的变化及人类活动的影响而发生变化。例如，自然界中的氮在一定时期内近似地保持平衡，但是人畜的大量繁殖，使大气中自由氮转变为固态氮的量不断增加。为了生产肥料，每年所固定的氮量也在增加，这必然会影响大气中氮的含量。

大气中氧气和二氧化碳的含量也受到人畜繁殖和人类活动的影响。例如人畜的增多，必然增加大气中的二氧化碳而减少大气中的氧气。人类砍伐林木将减少全球光合作用的过程，从而减少大气中的氧气含量；而燃烧和工业活动又有消耗大气中的氧并增加大气中二氧化碳的作用。此外，人类的工业活动还增加了大气中一些前所未有的污染物，它们也影响了大气的成分。

工业革命的后患

环境污染由来已久。工业革命以来的环境污染大体可以分为18世纪末至20世纪初环境污染的发生、20世纪20—40年代环境污染的发展和20世纪50—70年代环境污染的大爆发3个阶段。

先看看18世纪末至20世纪初环境污染的发生。从18世纪下半叶起，经过整个19世纪到20世纪初，首先是英国，而后是欧洲其他国家及美国、日本，相继经历和实现了工业革命，最终建立以煤炭、冶金、化工等为基础的工业生产体系。这是一场技术与经济的革命，它以蒸汽机的改良和广泛应用为基本动力。

而蒸汽机的使用需要以煤炭作为燃料，因此，随着工业革命的推进，地下蕴藏的煤炭资源便有了空前的价值，煤成为工业化初期的主要能源。新的煤矿到处开办，煤炭产量大幅度上升，到1900年，世界先进国家英、美、德、法、日5国煤炭产量总和已达6.641亿吨。煤的大规模开采并燃用，在提供动力以推动工厂的开办和蒸汽机的运转并方便人们的日常生活时，也必然会释放大量的烟尘、二氧化硫、二氧化碳、一氧化碳和其他有害的污染物质。

与此同时，在一些工业先进的国家，冶金工业的发展既排出大量的二氧化硫，又释放许多重金属，如铅、锌、镉、铜、砷等，污染了大气、土壤和水域。而这一时期化学工业的迅速发展，构成了环境污染的又一重要来源。另外，水泥工业的粉尘与造纸工业的废液也会对大气和水体造成污染。结果，在这些国家，伴随煤炭、冶金、化学等重工业的建立、发展以及城市化的推进，出现了烟雾腾腾的城镇，发生了烟雾中毒事件，河流等水体也严重受害。尽管如此，这一时期的环境污染尚处于初发阶段，污染源相对较少，污染范围不广，污染事件只是局部性的，或是某些国家的事情。

再看看20世纪20—40年代环境污染的发展。随着工业化的扩展和科学技术的进步，西方国家煤的产量和消耗量逐年上升。40年代初期，世界范围内工业生产和家庭燃烧所释放的二氧化硫每年高达几千万吨，其中2／3是由燃煤产生的，因而煤烟和二氧化硫的污染程度和范围较前一时期有了进一步的发展，由此酿成多起严重的燃煤大气污染公害事件。到这时，内燃机在工业生产中广泛替代了蒸汽机。由于内燃机的燃料已由煤气过渡到石油制成品——汽油和柴油，石油便在人类所用能源构成中的比重大幅度上升，给环境带来了新的污染。

此外，自20年代以来，随着以石油和天然气为主要原料的有机化学工业的发展，西方国家不仅合成了橡胶、塑料和纤维三大高分子合成材料，还生产了多种多样的有机化学制品,如合成洗涤剂、合成油脂、有机农药、食品与饲料添加剂等。就在有机化学工业为人类带来琳琅满目和方便耐用的产品时,它对环境的破坏也渐渐地发生,久而久之便构成对环境的有机毒害和污染。

最后看看20世纪50—70年代环境污染的大爆发。20世纪50年代起,世界经济由战后恢复转入发展时期。工业生产和城市生活的大量废弃物排向土壤、河流和大气之中,最终造成环境污染的大爆发。

发达国家的环境污染公害事件层出不穷。一是因工业生产将大量化学物质排入水体而造成的水体污染事件;二是因煤和石油燃烧排放的污染物而造成的大气污染事件;三是因工业废水、废渣排入土壤而造成的土壤污染事件;四是因有毒化学物质和致病生物等进入食品而造成的食品污染公害事件。

另外,在沿岸海域发生的海洋污染和海洋生态被破坏,成为海洋环境面临的最重大问题。靠近工业发达地区的海域,尤其是波罗的海、地中海北部、美国东北部沿岸海域和日本的濑户内海等受污染最为严重。

再有,放射性污染因利用原子能和发展核电厂而产生。1945年8月6日和9日,美国在日本广岛和长崎投下两颗原子弹,爆炸之后的幸存者中出现了"原子病",主要表现为白细胞异常增多的白血病。

20世纪60—70年代,核电工业迅速发展。核能在为人类提供巨大的动力和能量时,也产生了核废料以及由这种放射性物质带来的环境污染。更为严重的是,核电厂在运转中发生事故所造成的放射物质泄漏和放射性污染,会对人类造成严重而持久的威胁。

国外5起严重的大气污染事件

李博士请大家进入演播厅,观看国外5起严重的大气污染事件。李博士说:国外在20世纪30—60年代发生多起环境污染事件,给工农业生产和社会造成很大危害,使人民蒙受了巨大的灾难。这使人们清楚地看到保护环境、防治污染的重要性。下面介绍国外5起严重的环境污染事件,我们要从中吸取教训,引以为戒。

同学们聚精会神地观看着不断变换的画面,聆听男女播音员的解说。

英国伦敦烟雾事件

英国首都伦敦1952年发生了一起震惊世界的大气污染事件。在没有枪声、没有炮声,看不到刀光剑影的情况下,两个月内竟有12000多人丧命,比一场大型战争伤亡人数还多,是人类环境污染史上的一大悲剧。

伦敦烟雾

大气的秘密

事情的经过是这样的。1952年12月4—8日,连续四五天内,古老的伦敦城上空烟雾弥漫,粉尘飘浮,整个市区的空气像凝固了一般,完全处于死风状态。大气中烟尘量高达4.5毫克/米^3,二氧化硫气体量高达3.8毫克/米^3。开始,人们感到呼吸困难、头痛、咳嗽和呕吐。一两天后发病率剧增,大批人死亡。4—8日的5天之内,伦敦市区就有4000多人死亡,成千上万的人处于昏迷状态。事后2个月内,还有8000多人相继死亡。事件发生时,市区一片混乱,英国当局惊慌失措,人们对这场灾难降临的原因众说纷纭。

后来经过很长时间的研究,才知道这是大气被严重污染的结果。当时的伦敦城区工厂密布、烟囱林立。特别是几十万户居民,家家户户用煤炉烧饭和取暖。从工厂和居民区的烟囱冒出的烟尘,使空气受到污染,在正常的气候条件下,实际上人们已经处于慢性自杀状态,当气候条件反常的时候,就大难临头了。

当时,伦敦上空有一个大型的移动性高压脊,地面出现了冷气层,使整个市区上空被逆温层笼罩,尘不能消,烟不能散。这时,空气中的二氧化硫气体逐渐变成硫酸液滴,附着在粉尘上。这种硫酸尘埃,随空气进入人的呼吸道,首先使呼吸系统发病,进而影响血液循环系统导致全身发病,造成了大批人员死亡。

美国多诺拉烟雾事件

多诺拉是美国匹兹堡市南边的一个不到2万人口的小城镇,地处马蹄形河湾内侧。1948年10月,这里发生了一起轰动一时的大气污染事件。

当时的记载是这样的:"10月27日早晨,烟雾覆盖着多诺拉。气候潮湿寒冷,阴云密布,地面处于死风状态,这一天和第二天就这样笼罩在烟雾之中,而且烟雾越来越稠,几乎是凝结成一块。当天下午视线仅仅只能看到街的对面,除了烟囱之外,工厂都消失在烟雾之中。"这种烟雾持续到10月31日,4天

多诺拉烟雾

之内全镇有5910人发病，17人死亡。死者肺部都有由急剧刺激引起的变化，如血管扩张出血、水肿、支气管含脓等。

事件发生的原因是多诺拉镇钢铁厂、硫酸厂、炼锌厂冒出的含有二氧化硫的浓烟；加之该镇地处河谷盆地；再则是当时气候条件发生反常变化，出现逆温层。这3个条件结合便使这个小镇遭受了一场灾难。

比利时马斯河谷事件

在比利时境内，有一条马斯河，河谷两岸是高山，河谷内炼焦、钢铁、电力、化肥等工厂密布，烟囱林立，大气受到较重的污染。1930年12月初，比利时气候发生反常变化，河谷上空出现了逆温层，烟雾笼罩了整个马斯河谷。两三天内有几千名居民呼吸道同时发病，60人死亡，这就是20世纪30年代世界有名的马斯河谷烟雾事件。

事件发生时，发病者呼吸短促、胸口窒闷、呕吐、恶心、咳嗽、喉痛、流泪。死亡的人大多数是年老的和有慢性心脏病、肺病、气管炎的患者。尸体解剖结果证实：刺激性化学物质损害呼吸道内壁是致死的主要原因。到底是什么东西使成千上万的人同时发生疾病，并有一部分人死亡了呢？当时的医生和科学家争论不休，谁也不能准确回答这个问题。

后来经过很长时间的研究，专家一致认为是工厂烟囱冒出的二氧化硫和三氧化硫气体污染了大气，在气候条件发生反常变化时，烟气浓度加大了，有毒的二氧化硫和三氧化硫，在金属氧化物存在的条件下变成硫酸，附着在空气中的粉尘上，从呼吸道进入人体，致使居民发病和死亡。

日本四日事件

日本东部伊势湾岸边的四日市，是第二次世界大战后兴起的一座石油化工城市。由于大气被严重污染，市区人民普遍患有哮喘病。每次哮喘病大发作，都有一些人丧命。这种病在日本四日市发现较早，数量最多。所以人们习惯地把这种由大气污染引起的呼吸道疾病称为"四日哮喘病"。

四日市原来只有25万人口，水陆交通发达，是依山临水的海滨城市。1955年以后，这里相继修建了3座大型石油联合企业、100多个中小型石油化工厂。由于当时企业和工厂只重视发展生产，不顾人民健康和保护环境，很快使四日市变成了污水横流、噪声震耳、烟尘严重污染大气的一座城市。据统计，这个市每年由工厂排出的二氧化硫和煤粉尘总量高达13万吨。大气中二氧化硫气体浓度超过人体呼吸允许浓度五六倍，大气中夹杂的铝、锰、钛等有毒重金属微粒也很多。

这些有毒的二氧化硫气体和粉尘，成年累月被人们吸入呼吸系统，结果气管炎、支气管炎和肺气肿病的患者逐年增多。开始几年，并没有引起人们的重视，到了1961年，四日市哮喘病人发作，1964年哮喘病患者开始死亡。据统计，到1970年，严重哮喘病患者超过2000人。由于日本各大城市多数以含硫较高的石油为燃料，冒出的烟气中普遍含有二氧化硫，所以四日市发生的哮喘病已在日本全国蔓延发展，到1972年，日本全国患有四日哮喘病的患者已超过6370人，每年都有一部分人死于这种疾病。

四日市发生的疾病，不仅在日本有，在世界上很多国家都出现了这种病症。科学家们一致指出，这首先是二氧化硫污染大气的结果。

美国洛杉矶光化学烟雾事件

美国洛杉矶是太平洋沿岸一座三面环山、一面临水的海滨城市。它气候温和、阳光明媚、风景优美，曾经是世界驰名的旅游之乡。但后来这里的环境发生了很大的变化，经常出现使人患病甚至死亡的光化学烟雾事件。

自从1936年美国在这里开发炼制石油以来，这座城市的工业和商业开始以惊人的速度发展，人口和汽车数量明显增加，很快变成了美国第三大城市。到了20世纪60年代，全市有各种汽车三四百万辆。市内主要公路线上每天通行的车辆高达16.8万多车次。由于汽车排放的尾气和石油的挥发，使市区大气中含有大量的碳氢化合物和氮氧化合物。每当夏秋季节阳光充足的时候，大气中的这些有害气体在太阳光的作用下，常常发生光化学反应，生成毒性很大的淡蓝色烟雾，人们称它为光化学烟雾。

光化学烟雾出现以后，会污染空气，严重危害人的身体健康。人们明显的感觉是眼睛发红、咽喉肿痛、鼻孔胀大、咳嗽不止。同时，还可以看到家畜家禽食欲不旺，很多花草树木在生长期脱叶枯萎，露天建筑物的表面特别是金属表皮遭到腐蚀和破坏。大气混浊不清、能见度降低，严重的时候，车辆和飞机行驶困难，交通事故屡屡发生。由于环境污染，很多人由城市迁往乡村。其实，光化学烟雾不仅美国洛杉矶有，在世界上许多汽车多的城市里，有毒的光化学烟雾都程度不同地存在，危害着人们的健康。

看完国外5起严重的环境污染事件，大家都很有收获。接下来，李博士继续给大家放映《汽车尾气带来的灾难》《乱砍滥伐的恶果》《可怕的南极"天漏"》。

汽车尾气带来的灾难

20世纪五六十年代，很少看见小轿车，更没有"打的"这个词，那时家里拥有小轿车是非常奢侈和罕见的事情。可是，半个多世纪后的今天，城市里已经车满为患。许多城市平均每2户就有1辆小轿车。据统计，截至2015年，世界汽车保有量已超过12亿辆。而且，全世界的汽车保有量以每年3000万辆的速度增长。在车辆不多的情况下，大气的自净能力还能化解车辆排出的污染物。但眼下交通拥堵成为家常便饭，汽车本应具备的便捷、舒适、高效的特点却被过多的车辆逐步抵消。汽车灾难已经形成，汽车尾气更是害人不浅。

根据测试，汽车尾气中有上百种不同的化合物。其中，污染物包括固体悬浮微粒、一氧化碳、碳氢化合物、氮氧化合物、铅及硫氧化合物。一辆轿车一年排出有害废气的质量比自身质量大3倍。并且汽车在不断消耗着地球的资源，汽车使用的汽油占全球汽油消费量的1／3以上，机动车的燃料消耗成为无情吞噬石油资源的无底洞。

汽车在大量消耗资源的同时，排放的尾气会严重影响人类健康。汽车尾气中的一氧化碳与血液中的血红蛋白结合的速度比氧气快250倍。所以，即使有微量一氧化碳的吸入，也会给人造成可怕的缺氧性伤害。轻者眩晕、头痛，重者脑细胞将受到永久性损伤。氮氧化合物、氢氧化合物会使易感人群出现刺激反应，患上眼病、喉炎等疾病。尾气中的氮氢化合物所含苯并芘是致癌物质，它是一种高散度的颗粒，可在空气中悬浮几昼夜，被人吸入后不容易排出，积累到临界浓度便激发人体形成恶性肿瘤。

乱砍滥伐的恶果

植被是人类的好朋友，它可以涵养水源、保持水土、调节气候。植被首先起到防风固沙、保护地表的作用。没有植被的地方则容易形成泥沙和洪水。如果泥沙表面没有植被固定，很容易造成泥土流失和洪涝灾害。当大量的含有泥沙的水流入河床，容易使河床淤塞、洪水泛滥。

例如，1998年长江流域洪水泛滥，造成1000多亿元的经济损失。本来1998年长江流域的洪水比1955年的洪水小得多、水位低得多，可是造成的危害却大得多。这就是河床淤塞的恶果。

植被可以调节气候、增加降水。台风每年从海洋带来的水分基本一样多，但是产生降水，或者降多降少，还要看地面的温度和空气湿度。如果地面的空气湿度很大，一旦降温，很容易产生降水；反过来，就不容易降水，或者降水还未到地面就在空中蒸发掉了。而只有丰富的植被才能均匀地蒸发水分，保持空气的湿润，起到调节气候的作用。

在许多疏于管理的地方，乱砍滥伐时有发生，那里的植被和生态环境屡遭破坏，必须引起我们的高度重视。

可怕的南极"天漏"

你听说过吗，距南极洲较近的智利南端海伦娜岬角的居民，白天只要他们走出家门，就要在衣服遮不住的皮肤表面涂上防晒油，戴上太阳眼镜，否则半小时后，皮肤就会被晒成鲜艳的粉红色，并伴有痒痛。羊群则多患白内障，几乎全盲；兔子全瞎，猎人可以轻易地拎起兔子耳朵把它们带回家去；河里捕到的鲜鱼也都是盲鱼……这都是可怕的南极"天漏"造成的。

什么是南极"天漏"？这要从臭氧说起。臭氧是大气的稀有成分之一，在常温下，它是一种有特殊臭味的蓝色气体。地球上空10～50千米是地球大气中臭氧集中的地方，尤其是在其下部，即在20～25千米高度上，臭氧浓度最高，因而这一层又称臭氧层。臭氧虽然在大气中含量很小，但作用却很重要，它就像一条巨大的毯子笼罩在上空，保护地球上的人类和动植物免遭短波紫外线的伤害。因此，臭氧层实际上是地球生态系统的天然保护伞。然而，科学家们在20世纪80年代发现，大气中臭氧层的部分地区出现了"洞"，对人类的生存构成了威胁，从而引起了世界各国政府和人民的普遍关注，并成为当今人类面临的全球重大环境问题之一。

实际上，臭氧洞只是表示臭氧含量异常稀少的区域，而并非真正出现了

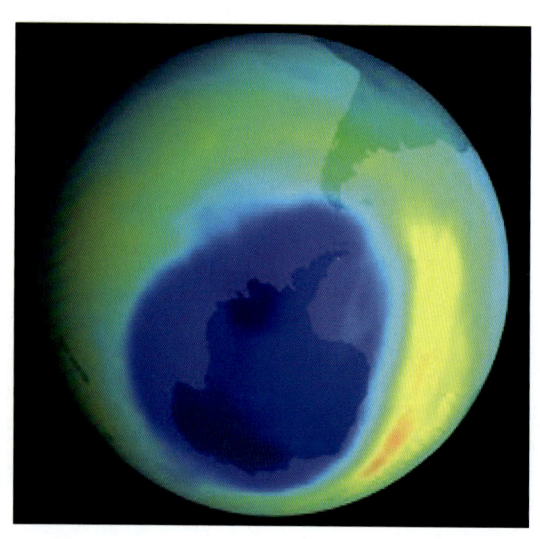

南极"天漏"

"洞"。臭氧洞最早由英国人乔·法曼发现。1981年春季，乔·法曼和同事发现，在南极洲监测到的数据显示南极洲上空的臭氧层面积较过去小了很多。1982—1984年也得到了同样的结果。这个臭氧洞面积约有美国领土那么大，臭氧洞范围内，臭氧总量减少50%左右。1985年他们在科学杂志《自然》上刊出了该发现，并称之为臭氧洞，俗称南极"天漏"。

南极那里几乎没有人烟，不存在破坏臭氧物质的排放，为什么会在那儿出现臭氧洞？其他地方有没有臭氧洞呢？说起来，这与大气环流有关。南极臭氧洞的出现，跟那里出现的一种叫作"极涡"的天气现象有密切联系。人类排放的氟氯碳化物进入大气层中，大气环流将其带到赤道附近地区，并随着该区域的热空气上升，然后分别流向南北两极。在每年南半球的冬季(6—8月)，下沉的空气在南极洲受到冰山的阻挡，停止环流，就地旋转，形成寒冷的涡旋，气象学家称之为"极涡"。极涡的形成将南极大陆的冷空气与中低纬度地区空气对流隔绝开来，形成一个温度很低的区域，温度可降至-80℃以下。极涡中的空气上升还会在平流层中形成一种特殊的云，即极地平流层云。平流层云滴中含氢、氮、氯的各种化学物质通过光化学过程被转化成活跃的自由基，迅速将由3个氧原子组成的臭氧（O_3分子）分解为分子氧（O_2）和原子氧（O），从而破坏了臭氧层，形成了臭氧洞。

臭氧洞到底有什么危害呢？简单说来，臭氧洞的危害是，透过臭氧洞的强烈紫外线对人和生物有杀伤作用。在医院和实验室里，人们常用紫外线光消毒，杀死细菌和病毒，就是这个道理。在阳光下暴晒，人的皮肤会变黑，也是这个道理。

不过，在通常情况下，来自阳光的紫外线是比较弱的，不足以对人起伤害作用。在自然界里，太阳光的紫外线不容易直接到达地面，这是因为在地球的

大气的秘密 —— 100

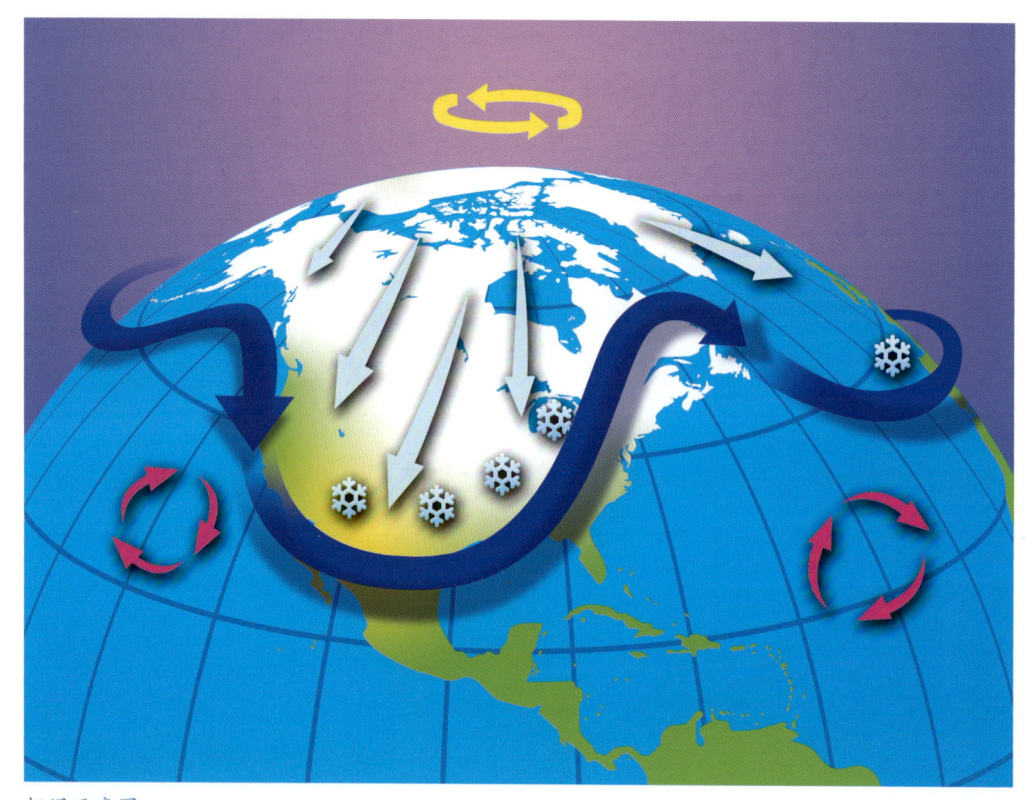

极涡示意图

大气层中有一层臭氧层，有效地阻止了太阳光中的紫外线到达地球。一旦臭氧量减少，大气层中的臭氧层变稀薄，甚至出现空洞，紫外线就会畅通无阻地穿过大气层，射到地球上。

但是，并不是所有射到地球上的紫外线都对生物有杀伤作用。紫外线按波长可分为3个部分，波长较短的那两部分对生物的杀伤力最强，严重时会导致人类的皮肤癌变。强烈的紫外线对地面生物的危害，还表现在破坏生物细胞内的遗传物质，如染色体、脱氧核糖核酸和核糖核酸等，严重时会导致生物产生突变体。

另外，南极洲上空的臭氧洞对海洋生物也有很大影响。强烈的紫外线可以穿透海洋10～30米，抑制浮游动物的生长，从而对南大洋的生态系统产生不利影响。

臭氧洞并不是自然原因造成的，而是由于人类活动向大气中排放的氟氯碳化物等破坏臭氧的物质造成的。我们冰箱、空调中使用的"氟利昂"，是氟氯代甲烷和氟氯代乙烷的总称，因此又称"氟氯烷"或"氟氯烃"。20世纪以来，随着工业的发展，人们在制冷剂、发泡剂、喷雾剂以及灭火剂中广泛使用性质稳定、不易燃烧、价格便宜的氟氯烃物质以及性质相似的卤族化合物。这些物质在大气中滞留时间长，有的可达100年以上，容易积累。它们之所以会对臭氧层造成如此严重的伤害，答案就在其所含的氯。当它们上升到高层大气后，在平流层的低温条件下，平流层冰晶云的表面会吸附氟里昂等含氯和含溴的污染物质，激发氯和溴的活性，在紫外线作用下，通过光化学反应大量消耗臭氧。1个氯原子可以破坏10万个以上的臭氧分子，1千克氟利昂可以捕捉消灭约7万千克臭氧。

设想，若臭氧层全部遭到破坏，太阳紫外线就会杀死所有陆地生命，人类会遭到灭顶之灾，地球将会成为无任何生命的不毛之地。所以说，地球人"补天"已刻不容缓。

保护我们的大气

历时半个月的"大气的秘密"专题气象科普夏令营结束了。爸爸妈妈要小哥俩用简练的语言写一写参加此次气象科普夏令营的体会。

齐象写道：人类只有一个地球，而地球正面临着严峻的环境危机。拯救地

大气的秘密

球已成为世界各国人民最强烈的呼声。我们每一个公民都应该了解地球大气的构成和环境问题的严重性。如果我们不去增强环境保护意识，不爱护大气，我们的生命将毁在自己的手中，老天将对我们做出严厉的惩罚。

齐候写道：真正检验我们对环境的贡献不是言辞，而是行动。若是我们人人都有保护大气、保护环境的责任心，从自己做起，从小事做起，携手保护我们的家园，自然会得到应有的回报：在温暖的摇篮——草原上小憩，在慈祥的笑脸——天空下成长，在爱的源泉——河流中沐浴。

参考文献

《大气科学辞典》编委会, 1994. 大气科学辞典 [M]. 北京: 气象出版社.

思静, 2015. "天破"和"补天"的那些事儿 [J]. 气象知识 (5): 11-13.

王奉安, 1988. 小好奇梦游气压王国 [M]. 北京: 气象出版社.

王奉安, 1992. 神秘的天宇 [M]. 天津: 新蕾出版社.

王奉安, 1999. 撩开地球的神秘面纱 [M]. 北京: 气象出版社.

王奉安, 2004. 风云变幻我先知——少年气象学家 [M]. 济南: 山东教育出版社.

王奉安, 2007. 气象关联你我他 [M]. 沈阳: 辽宁科学技术出版社.

王奉安, 2009. 探知万千气象 [M]. 北京: 农村读物出版社.

附录　名词解释

页码　名词　　　　　**释义**

011　长波辐射[1]　　　电磁波谱中波长大于4微米的红外辐射部分。由于太阳辐射的主要部分在可见光和近红外，比地球和大气的主要辐射波长要短得多，因此习惯上将太阳辐射称为短波辐射，将地球和大气辐射称为长波辐射。

050　等温线[2]　　　　在一定参考面上气温值相等各点的连线。

051　活动积温[2]　　　某时段内大于或等于生物学下限温度的日平均气温的累积值。生物学下限温度，即植物在不同发育期有效生长的最低温度。温度下降到生物学下限温度以下时，植物的生长发育就停止了。

---

[1]《大气科学辞典》编委会，大气科学辞典[M]. 北京：气象出版社，1994.
[2] 全国科学技术名词审定委员会，大气科学名词[M]. 北京：科学出版社，2009.